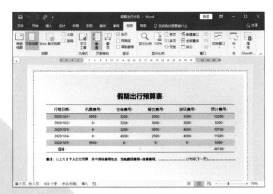

制作出行预算表

制作双面会议席位卡

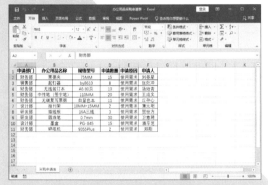

创建办公用品采购申请表

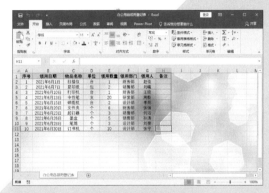

制作办公用品领用登记表

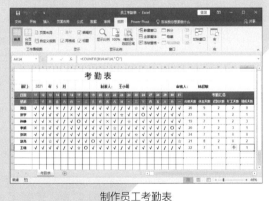

制作员工考勤表

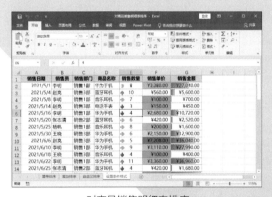

对商品销售明细表排序

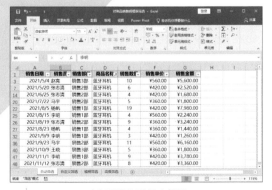

对商品销售明细表筛选

汇总分析商品销售明细表

分析商品销售数据透视表

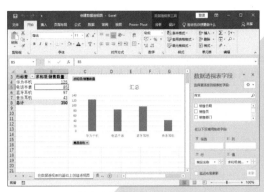

创建商品销售数据透视图

制作居民可支配收入图表

制作新品上市宣传演示文稿

为新品上市宣传方案添加动画效果

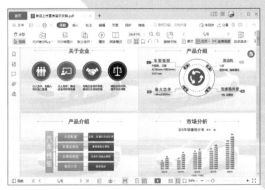

输出新品上市宣传方案

新应用 真实战 全案例 信息技术应用新形态立体化丛书

Office 2016

办公应用
案例教程

主编 卜言彬 王瑞 曹海燕
副主编 杨怡 刘中正 刘清怀

人民邮电出版社

北京

图书在版编目（CIP）数据

Office 2016办公应用案例教程：视频指导版 / 卜言彬，王瑞，曹海燕主编. -- 北京：人民邮电出版社，2022.10
（新应用·真实战·全案例 信息技术应用新形态立体化丛书）
ISBN 978-7-115-59791-5

Ⅰ. ①O… Ⅱ. ①卜… ②王… ③曹… Ⅲ. ①办公自动化－应用软件－教材 Ⅳ. ①TP317.1

中国版本图书馆CIP数据核字(2022)第136449号

内 容 提 要

本书以实际应用为写作目的，围绕 Office 2016 展开介绍，遵循由浅入深、从理论到实践的原则讲解内容。全书共 12 章，依次介绍了 Word 文档的制作、Word 文档的美化、长文档的处理、文档的高级操作、Excel 电子表格的制作、公式与函数的应用、数据的分析与处理、数据的动态统计分析、数据的直观化展示、静态幻灯片的创建、动态幻灯片的创建、幻灯片的放映与输出等内容。本书在讲解理论知识的同时，介绍了大量的实操案例，以帮助读者更好地掌握所学知识并达到学以致用的目的。

本书适合作为普通高等学校 Office 高级应用相关课程的教材，也可作为职场人员提高 Office 办公技能的参考书。

◆ 主　编　卜言彬　王　瑞　曹海燕
　　副主编　杨　怡　刘中正　刘清怀
　　责任编辑　李晓雨
　　责任印制　王　郁　陈　犇
◆ 人民邮电出版社出版发行　　北京市丰台区成寿寺路 11 号
　　邮编　100164　电子邮件　315@ptpress.com.cn
　　网址　https://www.ptpress.com.cn
　　北京虎彩文化传播有限公司印刷
◆ 开本：787×1092　1/16　　　　彩插：1
　　印张：12.5　　　　　　　　　2022 年 10 月第 1 版
　　字数：400 千字　　　　　　　2024 年 8 月北京第 6 次印刷

定价：59.80 元

读者服务热线：(010)81055256　印装质量热线：(010)81055316
反盗版热线：(010)81055315
广告经营许可证：京东市监广登字 20170147 号

前言
PREFACE

党的二十大报告指出：教育、科技、人才是全面建设社会主义现代化国家的基础性、战略性支撑。必须坚持科技是第一生产力、人才是第一资源、创新是第一动力。强调培养造就大批德才兼备的高素质人才是国家和民族长远发展大计。对于职场人员来说，熟练使用Office办公软件，尤其是Word、Excel和PowerPoint这三大办公组件是最基本的职业技能要求之一。通常，利用Word可以制作一些常用文档，如策划书、合同、通知书、简历、协议等；利用Excel可以制作各种类型的报表，如考勤表、员工信息表、工资表、销售报表、采购报表等，还可以对表格中的数据进行处理与分析；利用PowerPoint可以制作辅助教学和演讲的演示文稿，如制作课程教学、工作汇报、论文答辩、企业宣传、环保宣传等演示文稿。

基于此，我们深入调研了多所本科院校此类课程的教学需求，组织了一批优秀且具有丰富教学经验和实践经验的教师编写了本书。本书以"学以致用"为原则搭建内容框架，以"学用结合"为依据精选案例，旨在帮助各类院校培养优秀的技能型人才。

■ 本书特点

本书在结构安排及写作方式上具有以下几大特点。

（1）立足高校教学，实用性强

本书以高校教学需求为写作背景，结合全国计算机等级考试要求，对Office 2016三大组件的操作方法进行了详细的讲解。本书以理论与实操相结合的方式，从易讲授、易学习的角度出发，帮助读者快速掌握Office 2016三大组件的应用技能。

（2）结构合理紧凑，案例丰富

本书每章都有大量的实操案例，且各章结尾处均安排了"疑难解答"的内容，其目的是帮助读者解决实际问题，提高操作技能。书中还穿插了"应用秘技"和"新手提示"两个小栏目，以拓展读者的思维，使读者"知其然，也知其所以然"。

（3）案例贴近职场，实操性强

本书的实操案例源于企业真实案例，且具有一定的代表性，旨在帮助读者学习相关理论知识后，能将知识点运用到实际操作中，既满足院校对Office 2016的教学需求，也符合企业对员工办公技能的要求。

■ 配套资源

本书配套以下资源。

（1）案例素材及教学课件

书中所有案例的素材及教学课件均可在人邮教育社区（www.ryjiaoyu.com）下载。

（2）视频演示

本书涉及的案例操作均配有高清视频讲解，读者只需扫描书中的二维码，便可以观看视频。

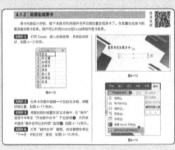

（3）相关资料

本书提供 30 套精品办公模板、300 个 GIF 操作技能演示、300 套常用办公模板、模拟试题、专题视频。

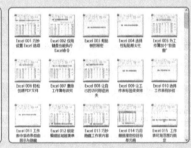

（4）作者在线答疑

作者团队具有丰富的实战经验，可以在线为读者答疑解惑。读者在学习过程中如有任何疑问，可加入 QQ 群（626446137）与作者交流。

编者

2022 年 2 月

CONTENTS 目录

第1章

Word 文档的制作 1

1.1　制作招聘广告 2

1.1.1　新建招聘文档 2

1.1.2　保存招聘文档 2

1.1.3　输入招聘内容 4

1.1.4　编辑招聘内容 5

1.1.5　打印招聘文档 7

1.2　制作入职通知书 9

1.2.1　设置入职通知书字体格式 9

1.2.2　设置入职通知书段落格式 10

疑难解答 12

第2章

Word 文档的美化 14

2.1　制作假期出行计划 15

2.1.1　插入景点图片 15

2.1.2　编辑景点图片 15

2.1.3　美化景点图片 17

2.1.4　调整及美化文档 19

2.2　制作假期出行预算表 22

2.2.1　创建并调整预算表格 22

2.2.2　对数据进行简单计算 25

2.2.3　美化预算表格 26

2.3　制作景点游玩路线流程 27

2.3.1　创建流程图 27

2.3.2　美化流程图 29

疑难解答 31

第3章

长文档的处理 32

3.1　编排员工入职手册 33

3.1.1　设置文档页面布局 33

3.1.2　调整文档格式 34

3.1.3　添加封面页 36

3.1.4　提取目录 37

3.1.5　添加页码 38

3.1.6　添加脚注 40

3.2　完善劳动合同书 41

3.2.1　制作合同封面 41

3.2.2　检查并调整合同内容 42

3.2.3　为合同添加页眉和页码 44

3.2.4 对合同内容进行保护................45

疑难解答 47

第 4 章

文档的高级操作.................. 48

4.1 制作双面会议席卡.....................49

4.1.1 设计席卡内容......................49

4.1.2 批量生成席卡 51

4.2 批量制作名片 54

4.2.1 利用功能区命令制作名片 54

4.2.2 使用邮件合并功能制作名片.......56

疑难解答 58

第 5 章

Excel 电子表格的制作.......... 60

5.1 创建办公用品采购申请表 61

5.1.1 工作簿与工作表的基本操作.......61

5.1.2 编辑表格内容 63

5.2 制作办公用品领用登记表............66

5.2.1 快速输入表格内容 66

5.2.2 编辑表格内容 70

5.2.3 美化表格 72

疑难解答 74

第 6 章

公式与函数的应用 75

6.1 制作员工信息表......................76

6.1.1 提取性别 76

6.1.2 提取出生日期 77

6.1.3 计算年龄 79

6.1.4 计算工龄 80

6.1.5 隐藏手机号码中的部分数字.......80

6.1.6 提取省份 81

6.2 制作员工工资表........................82

6.2.1 计算工资数据 82

6.2.2 查询员工工资 85

6.2.3 制作工资条 87

6.3 制作员工考勤表........................88

6.3.1 计算日期 88

6.3.2 计算星期 89

6.3.3 统计考勤情况 89

疑难解答 91

第 7 章

数据的分析与处理 92

7.1 对商品销售明细表排序...............93

7.1.1 简单排序 93

7.1.2 复杂排序 93

7.1.3 自定义序列 94

7.1.4 设置条件格式 95

7.2 对商品销售明细表筛选...............97

7.2.1 自动筛选 97

7.2.2 自定义筛选 98

7.2.3 模糊筛选 98

7.2.4 高级筛选 99

7.3 汇总分析商品销售明细表...........100

7.3.1 按"销售部门"统计销售
金额 100

7.3.2 按"销售员"和"商品名称"
分类汇总 101

7.3.3 复制分类汇总结果 102

疑难解答 103

第 8 章

数据的动态统计分析 104

8.1　创建商品销售数据透视表 105

8.1.1　根据商品销售明细表创建数据
透视表................... 105

8.1.2　编辑数据透视表............. 105

8.1.3　管理数据透视表字段......... 107

8.1.4　美化数据透视表............. 111

8.2　分析商品销售数据透视表.......... 113

8.2.1　按"销售员"字段排序........ 113

8.2.2　使用切片器筛选数据........ 113

8.3　创建商品销售数据透视图.......... 114

8.3.1　创建数据透视图............. 114

8.3.2　使用数据透视图筛选数据 116

疑难解答 117

第 9 章

数据的直观化展示 118

9.1　制作居民可支配收入图表 119

9.1.1　根据数据创建图表 119

9.1.2　编辑图表 122

9.1.3　美化图表 125

9.2　制作个人全年支出迷你图.......... 126

9.2.1　根据数据创建迷你图 127

9.2.2　更改迷你图类型 128

9.2.3　添加迷你图数据点 128

9.2.4　美化迷你图 129

疑难解答 130

第 10 章

静态幻灯片的创建 131

10.1　创建企业简介演示文稿 132

10.1.1　创建演示文稿 132

10.1.2　幻灯片的基本操作 133

10.2　制作新品上市宣传演示文稿 137

10.2.1　利用母版设置幻灯片背景 137

10.2.2　制作封面幻灯片 138

10.2.3　制作内容幻灯片 141

10.2.4　制作结尾幻灯片 151

疑难解答 152

第 11 章

动态幻灯片的创建 154

11.1　为新品上市宣传方案添加
背景乐......................... 155

11.1.1　插入背景乐........................... 155

11.1.2　控制背景乐的播放 155

11.1.3　裁剪背景乐........................... 157

11.2　为新品上市宣传方案添加动画
效果 157

11.2.1　设置封面幻灯片动画效果 157

11.2.2　设置目录幻灯片动画效果 160

11.2.3　设置内容幻灯片动画效果 162

11.2.4　设置结尾幻灯片动画效果 164

11.2.5　为幻灯片添加切换效果 165

11.3　为新品上市宣传方案添加链接 ... 166

11.3.1　为目录幻灯片添加链接......... 166

11.3.2　编辑设置的链接................. 167

11.3.3　设置返回按钮链接................. 169

疑难解答 171

─── 第12章 ───

幻灯片的放映与输出 172

12.1 放映新品上市宣传方案...........173

12.1.1 幻灯片的放映类型.................173

12.1.2 放映幻灯片......................174

12.1.3 为幻灯片添加旁白.................177

12.2 打印与输出演示文稿 178

12.2.1 打印新品上市宣传方案..........178

12.2.2 输出新品上市宣传方案..........180

疑难解答 184

附录 活用 Office 快捷键.....185

第1章

Word 文档的制作

Word 是一种广为流行的文字处理工具。在日常办公中，用户可以使用 Word 制作招聘广告、用工合同、保密协议、工作总结等。本章将以案例的形式，介绍 Word 的基本操作及文本处理。

1.1 制作招聘广告

招聘广告是用来公布招聘信息的广告，是企业招聘员工的重要工具。下面将以制作招聘广告为例，详细介绍Word的基本操作及文本编辑功能。

1.1.1 新建招聘文档

制作招聘广告的首要步骤就是创建Word文档。在Word中有多种创建空白文档的方法，下面介绍其中常用的一种。

STEP 1 双击桌面上的 Word 快捷方式图标启动 Word，在打开的界面中选择"空白文档"选项，如图 1-1 所示。

STEP 2 系统会以"文档 1"对新建的文档进行命名并将其打开，如图 1-2 所示。

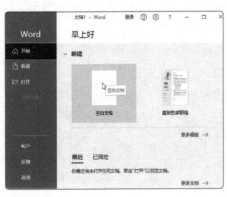

图1-1

图1-2

1.1.2 保存招聘文档

文档创建和编辑完成后，需要及时保存，以防止停电等突发状况导致文档丢失。

1. 手动保存

STEP 1 在 Word 编辑界面中，单击"文件"选项卡，或单击其上方的"保存"按钮，如图 1-3 所示。

STEP 2 在打开界面的左侧列表中，选择"另存为"选项，并在"另存为"界面中单击"浏览"按钮，如图 1-4 所示。

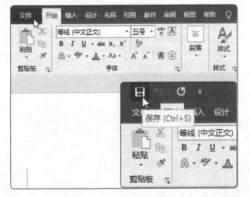

图1-3

图1-4

第 1 章 Word 文档的制作

微课视频

STEP 3 在打开的"另存为"对话框中，选择保存位置，并为文档设置好名称，完成后，单击"保存"按钮，如图 1-5 所示。

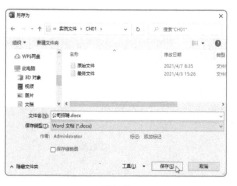

图1-5

STEP 4 完成保存操作后，标题栏变成了"公司招聘"，如图 1-6 所示。

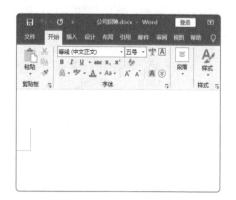

图1-6

2. 自动保存

针对各种不可预料的状况，Word中有自动保存功能。该功能可以每隔一段时间自动保存文档，在很大程度上减少了用户损失。用户可根据情况设置自动保存时间。

STEP 1 在 Word 编辑界面中，单击"文件"选项卡，在打开界面的左侧列表中，选择"选项"选项，如图 1-7 所示。

图1-7

图1-8

STEP 2 在"Word 选项"对话框中，选择"保存"选项❶。在"保存文档"选项组中，设置"保存自动恢复信息时间间隔"为"5"分钟❷。完成后，单击"确定"按钮❸，如图 1-8 所示。此后，系统会每5 分钟进行一次自动保存操作。当出现问题后，文档会恢复到最近一次保存的内容。

应用秘技

为了确保文档在任何Word版本中都可以被打开，可以将其保存为兼容模式。具体操作为：在"另存为"对话框中，单击"保存类型"下拉按钮，从列表中选择"Word 97-2003文档"选项，如图1-9所示。

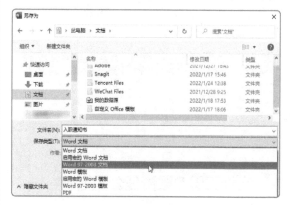

图1-9

1.1.3 输入招聘内容

新建空白文档之后，接下来就可以输入文本内容了。

1. 输入标题

STEP 1 在"开始"选项卡的"字体"选项组中，单击"字体"下拉按钮，选择所需的字体，这里选择"微软雅黑"选项，如图 1-10 所示。

图1-10

STEP 2 在"开始"选项卡的"字体"选项组中，单击"字号"下拉按钮，选择所需的字号，这里选择"小二"选项，如图 1-11 所示。

STEP 3 输入标题文字"正漾工程有限责任公司招聘"。需注意：公司名称是虚构的，如有雷同，纯属巧合。完成后，按【Enter】键另起一行，如图 1-12 所示。

图1-11

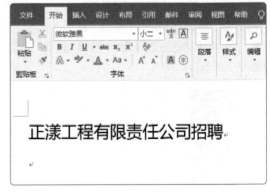

图1-12

2. 输入正文

STEP 1 在"开始"选项卡的"字体"选项组中，将"字体"设置为"宋体"，将"字号"设置为"小四"，如图 1-13 所示。

STEP 2 输入文本内容，输入完成后按【Ctrl+S】组合键进行保存即可，如图 1-14 所示。

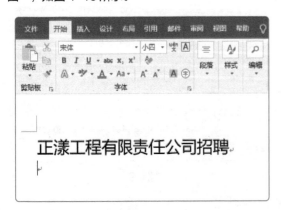

图1-13

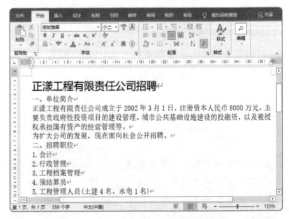

图1-14

1.1.4 编辑招聘内容

输入文本内容后，为了使整个文档看起来更加舒适、美观，可以对文本内容进行编辑。

1. 编辑一级标题格式

STEP 1 选中一级标题文本内容，在"开始"选项卡的"字体"选项组中，单击"加粗"按钮，为文本添加加粗效果，如图 1-15 所示。

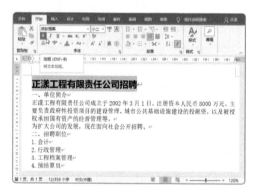

图1-15

STEP 2 在"开始"选项卡的"段落"选项组中，单击"居中"按钮，将标题居中显示，如图 1-16 所示。

图1-16

2. 编辑二级标题格式

STEP 1 选中二级标题"一、单位简介"文字，在"开始"选项卡中单击"字号"下拉按钮，从列表中选择"四号"选项，如图 1-19 所示。

STEP 2 在"开始"选项卡中单击"加粗"按钮，为二级标题添加加粗效果，如图 1-20 所示。

STEP 3 选中二级标题文本，在"开始"选项卡的"剪贴板"选项组中，双击"格式刷"按钮，如图 1-21 所示。

STEP 3 在"开始"选项卡中单击"段落"选项组的对话框启动器按钮，如图 1-17 所示。

图1-17

STEP 4 打开"段落"对话框，在"缩进和间距"选项卡中将"段后"设为"1.5 行"❶，单击"确定"按钮❷，如图 1-18 所示。

图1-18

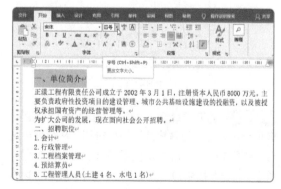

图1-19

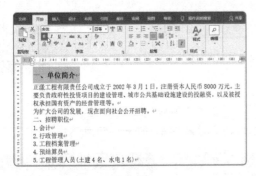

图1-20

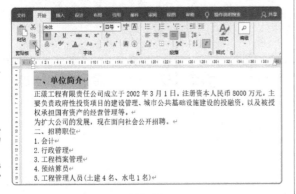

图1-21

3. 编辑正文格式

STEP 1 选中正文文本内容，在"开始"选项卡的"段落"选项组中单击"行和段落间距"下拉按钮❶，从列表中选择"1.5"选项❷，如图 1-23 所示。

图1-23

STEP 2 打开"段落"对话框，在"缩进和间距"选项卡中单击"特殊格式"下拉按钮，从列表中选择"首行缩进"❶，"缩进值"默认"2字符"❷，单击"确定"按钮❸，如图 1-24 所示。按照上述方法，设置其他正文内容即可。

STEP 4 当鼠标指针变成刷子形状时，通过拖动鼠标，选中其他二级标题，此时被选中的文本已经应用了相同的格式，如图 1-22 所示。完成后，按【Esc】键退出。

图1-22

图1-24

STEP 3 选中落款文字❶，在"开始"选项卡的"段落"选项组中单击"右对齐"按钮❷，如图 1-25 所示，使文本右对齐。

第1章 Word 文档的制作

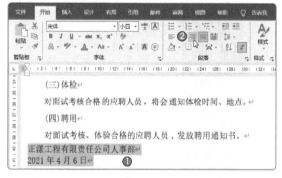

图1-25

STEP 4 打开“段落”对话框，将“段前”设为“1行”❶，“行距”设为“单倍行距”❷，单击“确定”按钮❸，如图 1-26 所示。

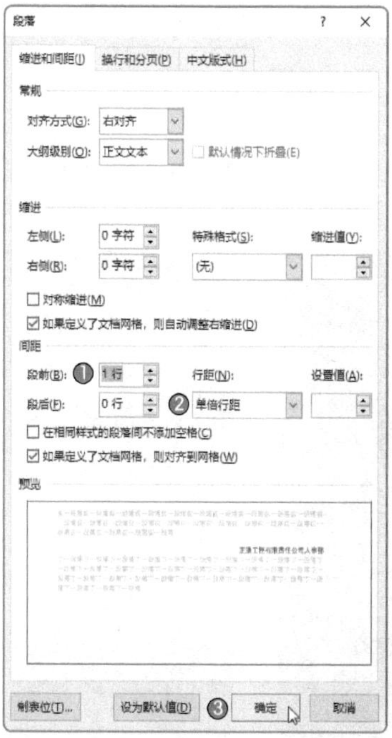

图1-26

STEP 5 设置完成后，查看文档的最终效果，如图 1-27 所示。

正漾工程有限责任公司招聘

一、单位简介

正漾工程有限责任公司成立于 2002 年 3 月 1 日，注册资本人民币 8000 万元。主要负责政府性投资项目的建设管理、城市公共基础设施建设的投融资，以及被授权承担国有资产的经营管理等。

为扩大公司的发展，现在面向社会公开招聘。

二、招聘职位

1. 会计
2. 行政管理
3. 工程档案管理
4. 预结算员
5. 工程管理人员(土建 4 名、水电 1 名)

三、招聘程序

(一)报名

1. 报名采取招聘现场报名和网上报名两种方式。
2. 报名时须提供以下资料：
- 本人有效居民身份证、毕业证书、学位证书原件及复印件；
- 本人近期免冠 1 寸照片 1 张。

(二)面试

对报名资料复核通过的应聘人员，将会通知参加面试的时间、地点。

(三)体检

对面试考核合格的应聘人员，将会通知体检时间、地点。

(四)聘用

对面试考核、体验合格的应聘人员，发放聘用通知书。

正漾工程有限责任公司人事部

2021 年 4 月 6 日

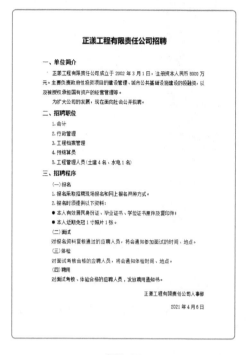

图1-27

1.1.5 打印招聘文档

文档制作完成后，通常需要以纸质形式呈现出来。在打印之前，需要对文档的页面进行设置，下面进行介绍。

1. 设置打印份数

单击“文件”选项卡，选择“打印”选项❶，在“打印”界面的“份数”数值框中设置打印份数❷，如图1-28所示。

2. 设置打印范围

在“设置”下方的下拉列表中选择“打印所有页 整个文档”选项，如图1-29所示。

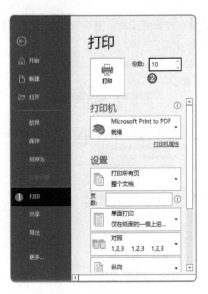

图1-28

图1-29

3. 设置打印方向和纸张大小

STEP 1 在"设置"下方的下拉列表中按需选择"纵向"或"横向"选项，如图 1-30 所示。

STEP 2 再选择合适的纸张大小，如图 1-31 所示。

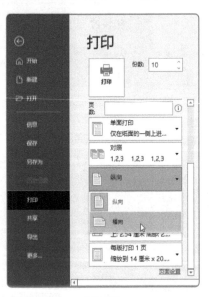

图1-30

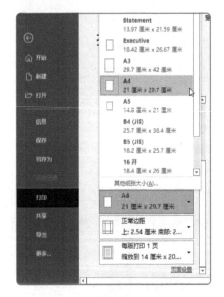

图1-31

4. 设置打印版式并选择打印机

STEP 1 在"设置"下方的下拉列表中选择合适的打印版式，如图 1-32 所示。

STEP 2 单击"打印机"下拉按钮，从列表中选择用于打印文档的打印机，如图 1-33 所示。

最后，在预览窗口中，快速浏览页面，确认无误后，单击"打印"按钮即可打印文档。

图1-32

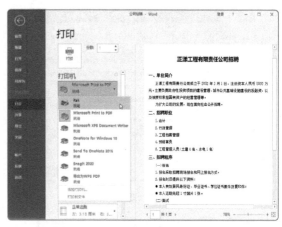

图1-33

1.2 制作入职通知书

入职通知书是用人单位向应聘者发出的入职邀约，内容包含入职所需材料、入职流程明细、入职事项说明等。下面将以制作入职通知书为例，来介绍这种类型的文档编排操作。

1.2.1 设置入职通知书字体格式

为了提升文档整体的美观程度，一般在输入内容后，需要对其格式进行一些必要的设置。1.1节中已介绍了文本格式的基本设置，1.2节将重点介绍一些特殊格式的设置操作，例如设置文本间距、添加文本下画线等。

STEP 1 打开"入职通知书"原始文档，先选中标题文本，将其居中显示，并设置好其字体、字号，按【Ctrl+B】组合键将其加粗显示，如图1-34所示。

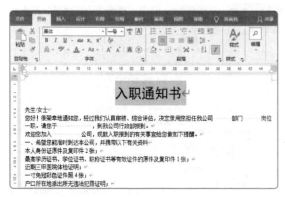

图1-34

图1-35

STEP 2 打开"字体"对话框，切换到"高级"选项卡❶，将"间距"设为"加宽"❷，将"磅值"设为"1.5磅"❸，单击"确定"按钮❹，如图1-35所示。

STEP 3 在正文中将小标题以及落款文本加粗显示，将落款文本设置为右对齐，如图1-36所示。

STEP 4 选中正文中的空格处，在"开始"选项卡的"字体"选项组中单击"下划线"按钮，可为其添加下画线，如图1-37所示。

STEP 5 将鼠标指针放置在下画线中间，适当按几次【Space】键来调整下画线的长度，如图1-38所示。

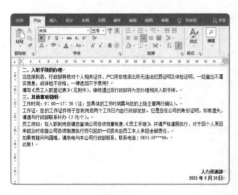

图1-36

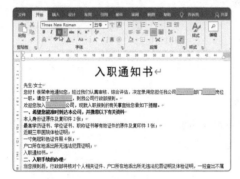

图1-37

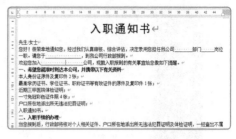

图1-38

STEP 6 将鼠标指针放置在文档起始处，将输入法设为英文状态。按【Shift+_】组合键，即可输入一条下画线，连续多按几次可延长下画线长度，如图 1-39 所示。

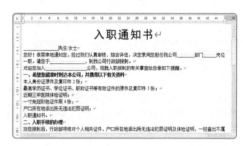

图1-39

1.2.2 设置入职通知书段落格式

字体格式设置完成后，为了让页面布局更直观，可以对段落格式进行适当的设置，例如设置段落行距、段前段后间距，以及为段落添加项目符号等，下面进行详细介绍。

微课视频

1. 设置段落基本格式

STEP 1 将鼠标指针放置在标题文本中，打开"段落"对话框，将"段前"设为"0.5 行"，将"段后"设为"1 行"，如图 1-40 所示。

STEP 2 设置好后，单击"确定"按钮即可查看设置效果，如图 1-41 所示。

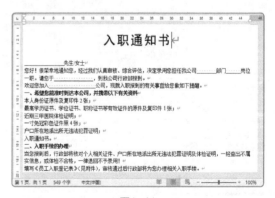

图1-41

STEP 3 将鼠标指针放置在文本起始处，打开"段落"对话框，将"段前"和"段后"均设为"0.5 行"，单击"确定"按钮，完成设置操作，设置后效果如图 1-42 所示。

图1-40

第1章 Word 文档的制作

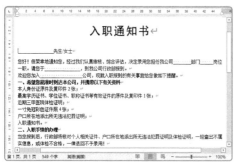

图1-42

STEP 4 将鼠标指针放置在正文起始处，将"段前"设为"1行"，同时将落款文本的"段前"设为"3行"，结果如图 1-43 所示。

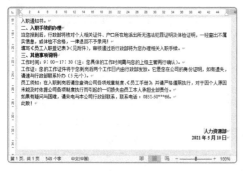

图1-43

STEP 5 全选正文内容，打开"段落"对话框，将"行距"设为"1.5 倍行距"，如图 1-44 所示。

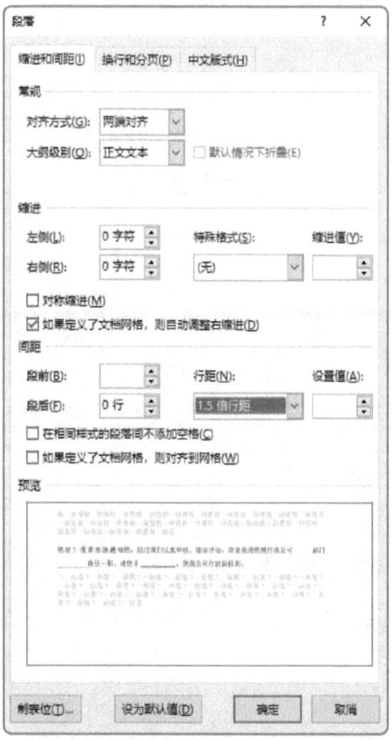

图1-44

STEP 6 将"特殊格式"设为"首行缩进"，此时"缩进值"默认"2 字符"，如图 1-45 所示。

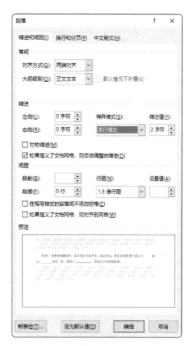

图1-45

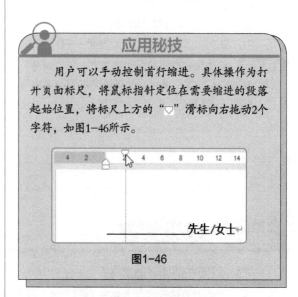

应用秘技

用户可以手动控制首行缩进。具体操作为打开页面标尺，将鼠标指针定位在需要缩进的段落起始位置，将标尺上方的"▽"滑标向右拖动2个字符，如图1-46所示。

图1-46

2. 设置项目符号以及编号

STEP 1 选中需要添加项目符号的正文文本，单击"项目符号"下拉按钮①，从列表中选择合适的样式②，如图 1-47 所示。此时被选中的段落已添加了相应的项目符号，如图 1-48 所示。

图1-47

图1-49

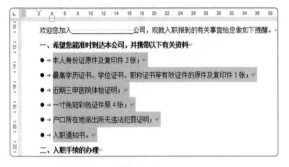

图1-48

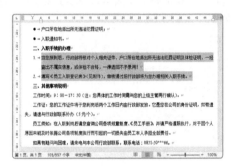

图1-50

STEP 2 选中需要添加编号的正文文本，单击"编号"下拉按钮❶，从列表中选择合适的样式❷，如图 1-49 所示。为正文文本添加编号的效果如图 1-50 所示。

STEP 3 选中其他要添加编号的文本，在"编号"列表中选择相同样式的编号，为其他文本添加该编号样式，如图 1-51 所示。

图1-51

疑难解答

Q：如何快速地移动文本？

A：选中需要移动的文本并按【F2】键，状态栏左下角会显示"移至何处？"，如图 1-52 所示。将鼠标指针置于新的位置，按【Enter】键即可。

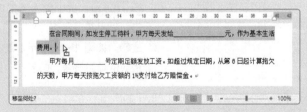

图1-52

Q：如何删除页眉横线？

A：选中页眉横线上的回车符**①**，在"开始"选项卡中单击"边框"下拉按钮**②**，从列表中选择"无框线"选项即可**③**，如图1-53所示。

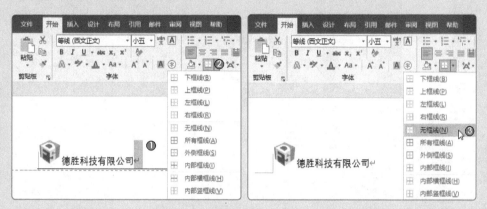

图1-53

Q：如何通过滚动条快速定位文档？

A：在长文本中，如果想要快速定位文档，可以使用滚动条来实现。将鼠标指针移到滚动条的合适位置，右击，弹出快捷菜单，从中选择合适的命令进行定位即可，如图1-54所示。

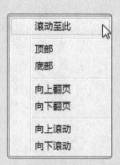

图1-54

第 2 章

Word 文档的美化

　　为了让文档页面看起来更美观，用户可以在文档中插入相关的图片或图形，从而丰富文档页面，增强文章的感染力和说服力。本章将以案例的形式，向用户介绍如何在 Word 中插入并编辑图片、图形以及制作流程图的操作。

2.1 制作假期出行计划

假期出去旅游时，可以制订一个假期出行计划，提前规划好行程。下面将以制作假期出行计划为例，向用户详细介绍图片的插入、编辑和美化等操作。

2.1.1 插入景点图片

插入图片的方式有很多，下面将介绍最常用的一种。

STEP 1 打开"假期出行计划"原始文档，将鼠标指针定位到"蜈支洲岛"结尾处，按【Enter】键另起一行，如图2-1所示。

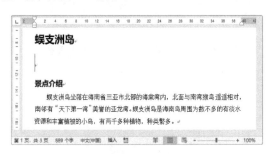

图2-1

STEP 2 在"插入"选项卡中单击"图片"下拉按钮①，从列表中选择"此设备"选项②，如图2-2所示。

图2-2

STEP 3 打开"插入图片"对话框，选择所需图片

①，单击"插入"按钮②，如图2-3所示。

图2-3

STEP 4 此时，所选图片已经被插入文档，如图2-4所示。按照同样的方法，继续在文档中插入其他图片。

图2-4

2.1.2 编辑景点图片

在Word中插入的图片往往在尺寸和样式上无法满足用户的需求，此时可以对图片进行调整。

1. 裁剪图片

STEP 1 选中插入的第1张图片，在"图片工具 - 格式"选项卡中，单击"裁剪"按钮，如图2-5所示。

STEP 2 此时，图片四周出现了裁剪控制点。将鼠

标指针移至裁剪控制点上，拖动控制点，设置保留区域，如图2-6所示。其中图片灰色区域为将要被裁剪掉的部分。

微课视频

图2-5

图2-6

第2章　Word 文档的美化

STEP 3　按照需求，完成裁剪操作后，按【Esc】键确认裁剪，裁剪后效果如图 2-7 所示。

图2-7

应用秘技

　　选中图片后，在"图片工具–格式"选项卡中单击"裁剪"下拉按钮，从列表中选择"裁剪为形状"选项，并从其级联菜单中选择合适的形状，如图2-8所示，可以将图片裁剪成所选形状。

图2-8

2. 调整图片大小

STEP 1　选中图片，将鼠标指针移至图片的右下角或左上角的控制点上，如图 2-9 所示。

图2-9

STEP 2　拖动鼠标，即可调整图片的大小，如图 2-10 所示。按照同样的方法调整其他图片的大小。

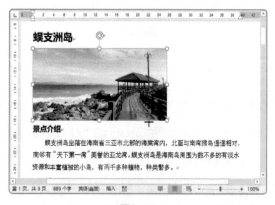

图2-10

3. 设置图片环绕方式

STEP 1 选中第 1 张图片，在"图片工具 - 格式"选项卡中，单击"环绕文字"下拉按钮，从列表中选择"四周型"选项，如图 2-11 所示。

图2-11

STEP 2 此时，可以在文档中任意拖动图片。这里将图片拖动至页面右上角位置，如图 2-12 所示。按照同样的方法，设置其他图片的环绕方式。

图2-12

2.1.3 美化景点图片

用户还可以在Word中对图片样式进行简单的美化操作，下面将对其进行详细介绍。

1. 更改图片亮度/对比度

STEP 1 插入第 2 张图片，并将图片的环绕方式设为四周型。选中第 2 张图片，在"图片工具 - 格式"选项卡中，单击"校正"下拉按钮①，从列表中选择合适的亮度 / 对比度②，如图 2-13 所示。

图2-13

STEP 2 操作完成后，即可更改图片的亮度 / 对比度，如图 2-14 所示。

图2-14

2. 更改图片颜色

STEP 1   插入第 3 张图片，并将其环绕方式设为四周型。选中第 3 张图片，在"图片工具 - 格式"选项卡中，单击"颜色"下拉按钮❶，从列表中选择合适的色调❷，如图 2-15 所示。

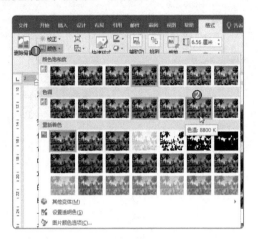

图2-15

STEP 2   操作完成后，即可更改图片的颜色，如图 2-16 所示。

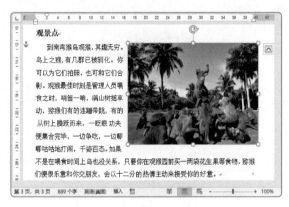

图2-16

3. 设置图片艺术效果

STEP 1   选中第 1 张图片，在"图片工具 - 格式"选项卡中，单击"艺术效果"下拉按钮❶，从列表中选择合适的艺术效果❷，如图 2-17 所示。

图2-17

STEP 2   操作完成后，即可为所选图片设置"纹理化"艺术效果，如图 2-18 所示。

图2-18

4. 更改图片样式

STEP 1   选中第 1 张图片，在"图片工具 - 格式"选项卡中，单击"快速样式"下拉按钮❶，从列表中选择"圆形对角，白色"选项❷，如图 2-19 所示。

STEP 2   操作完成后，即可快速更改图片的样式，如图 2-20 所示。

STEP 3   选中第 2 张图片，在"图片工具 - 格式"选项卡中单击"图片效果"下拉按钮❶，从列表中选择"预设"选项❷，并从其级联菜单中选择"预设 1"❸，如图 2-21 所示。

STEP 4   操作完成后，即可为图片添加"预设 1"

效果,如图 2-22 所示。按照上述方法,为第 3 张图片设置样式。

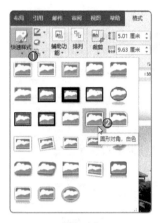

图2-19

图2-20

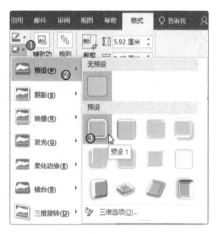

图2-21

图2-22

2.1.4 调整及美化文档

图片美化完成之后,可以对整篇文档进行调整和美化,下面将进行详细介绍。

1. 插入文本框

STEP 1 在"插入"选项卡中,单击"文本框"下拉按钮①,从列表中选择"绘制横排文本框"②选项,如图 2-23 所示。

STEP 2 鼠标指针变为十字形,在需要添加文本框的位置,拖动鼠标绘制文本框,如图 2-24 所示。

STEP 3 文本框绘制完成后,输入文字。设置字体格式为"黑体""五号""居中",如图 2-25 所示。

STEP 4 选中文本框,打开"绘图工具 - 格式"选项卡,在"形状样式"选项组中单击"形状轮廓"下拉按钮①,从列表中选择"无轮廓"选项②,如图 2-26 所示。

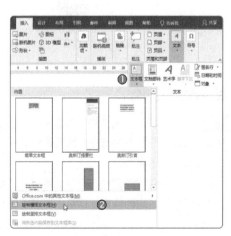

图2-23

图2-24

图2-25

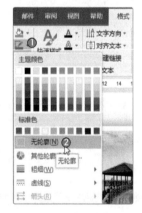

图2-26

STEP 5 在"形状样式"选项组中，单击"形状填充"下拉按钮①，从列表中选择"无填充"选项②，如图 2-27 所示。

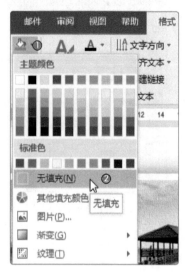

图2-27

STEP 6 选中文本框，将鼠标指针置于边框线上，当变为"✛"形状时，拖动鼠标，即可移动文本框的位置，如图 2-28 所示。

图2-28

2. 设置页面颜色

STEP 1 在"设计"选项卡的"页面背景"选项组中，单击"页面颜色"下拉按钮，从列表中选择满意的颜色，如图 2-29 所示。

STEP 2 如果对内置的颜色不满意，可以在"页面颜色"列表中选择"填充效果"选项，打开"填充效

果"对话框，在"渐变"选项卡中设置"颜色""底纹样式""变形"等，单击"确定"按钮，如图 2-30所示。

STEP 3 此时，为文档设置了渐变填充背景，如图 2-31 所示。

第2章 Word 文档的美化

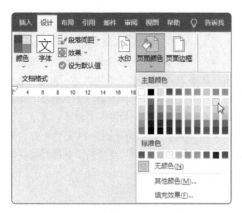

图2-29

图2-30

图2-31

3. 设置页面边框

STEP 1 在"设计"选项卡的"页面背景"选项组中，单击"页面边框"按钮，如图2-32所示。

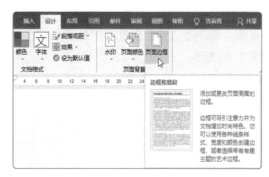

图2-32

STEP 2 打开"边框和底纹"对话框，在"页面边框"选项卡中选择"方框"选项，然后设置"样式""颜色""宽度"，单击"确定"按钮即可，如图 2-33 所示。

图2-33

STEP 3 用户也可以为文档设置一个艺术边框。在"边框和底纹"对话框中单击"艺术型"下拉按钮，从列表中选择合适的艺术型边框，如图 2-34 所示。

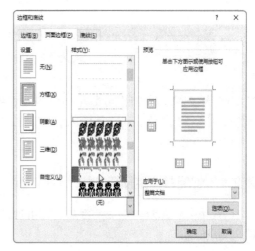

图2-34

STEP 4 单击"应用于"下拉按钮，从列表中选择边框的应用范围。这里选择默认的"整篇文档"选项，如图 2-35 所示。

图2-35

STEP 5 单击"确定"按钮，即可为文档添加一个艺术型边框，如图 2-36 所示。

图2-36

应用秘技

如果修改图片时出现问题，要想快速恢复图片原始状态，则可以在"图片工具-格式"选项卡的"调整"选项组中，单击"重置图片"下拉按钮，选择相应选项，如图2-37所示。其中"重置图片"选项用于将图片恢复到美化之前的效果，"重置图片和大小"选项用于将图片恢复到裁剪前的效果。

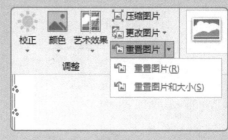

图2-37

2.2 制作假期出行预算表

旅行计划除了对景点的介绍外，还需对出行费用进行预估，尽可能地规划好各方面的费用，以免在行程中出现一些不必要的麻烦。下面将介绍如何在文档中创建并编辑表格的操作。

2.2.1 创建并调整预算表格

在Word中创建表格的方法有很多，常用的方法有两种，分别是快速创建以及利用"表格"对话框创建。

微课视频

第2章 Word 文档的美化

STEP 1 将鼠标指针置于文档结尾处，在"布局"选项卡中单击"分隔符"下拉按钮❶，在列表中选择"下一页"选项❷，如图 2-38 所示，添加分节符。此时鼠标指针会自动定位至下一页起始位置。

图2-38

STEP 2 在"布局"选项卡中单击"纸张方向"下拉按钮❶，在列表中选择"横向"选项❷，将页面设置为横向显示，如图 2-39 所示。

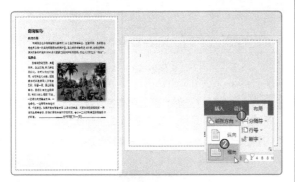

图2-39

STEP 3 输入表格标题内容，并设置好格式，将其居中显示。按【Enter】键另起一行，如图 2-40 所示。

图2-40

STEP 4 在"插入"选项卡中单击"表格"下拉按钮，设置为 7 行 7 列方格，即可在鼠标指针处插入相应的表格，如图 2-41 所示。

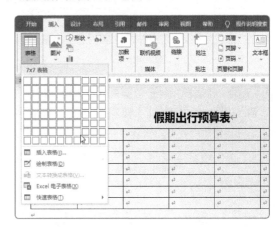

图2-41

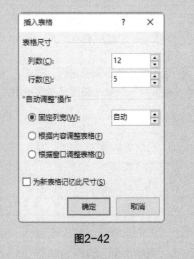
STEP 5 将鼠标指针放置在表格首个单元格中，输入文本内容，按【→】键，向右移动鼠标指针至下一个单元格，继续输入内容，直到完成表头内容输入为止，如图 2-43 所示。

图2-43

STEP 6 将鼠标指针定位至表格首列第 2 行单元格，输入内容，然后按【↓】键，向下移动鼠标指针，输入该列其他行内容，如图 2-44 所示。

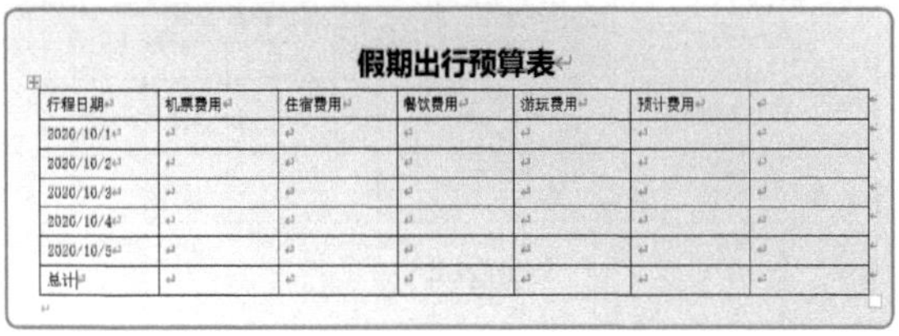

图2-44

STEP 7 按照同样的操作，完成表格其他内容的输入，如图 2-45 所示。

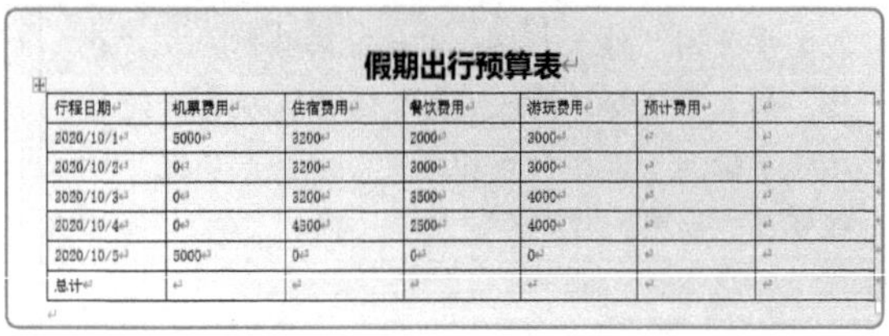

图2-45

STEP 8 选中表格最右侧空白列，右击，在快捷菜单中选择"删除列"命令，如图 2-46 所示，即可删除当前列。

图2-46

STEP 9 全选表格，在"表格工具 - 布局"选项卡中单击"自动调整"下拉按钮①，在列表中选择"根据窗口自动调整表格"选项②，如图 2-47 所示，此时系统会根据当前页面自动调整表格大小。

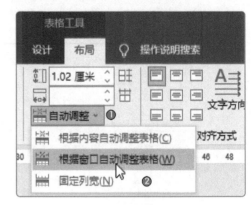

图2-47

STEP 10 选中"总计"行中间 4 个空白单元格，在"表格工具 - 布局"选项卡中单击"合并单元格"按钮，将空白单元格进行合并，如图 2-48 所示。

图2-48

STEP 11 将鼠标指针定位至表格下方换行符处，输入备注内容，并调整好其文本格式。至此预算表格基本内容创建完毕，结果如图 2-49 所示。

图2-49

2.2.2 对数据进行简单计算

表格创建好后，用户可以利用公式来对表格数据进行简单计算。下面将以计算每天费用总和以及5天费用总计数据为例，来介绍求和公式的运用。

STEP 1 将鼠标指针定位至"预计费用"列第1个空白单元格中，在"表格工具 – 布局"选项卡中单击"公式"按钮，如图 2-50 所示。

图2-50

STEP 2 在"公式"对话框的"公式"文本框中，系统会自动显示求和公式，在此，不需做任何操作，单击"确定"按钮，如图 2-51 所示。

图2-51

STEP 3 此时，在鼠标指针处即可显示求和结果，如图 2-52 所示。

行程日期	机票费用	住宿费用	餐饮费用	游玩费用	预计费用
2020/10/1	3000	3200	2000	3000	13200
2020/10/2	0	3200	3000	3000	
2020/10/3	0	3200	3500	4000	
2020/10/4	0	4500	2500	4000	
2020/10/5	3000	0	0	0	
总计					

图2-52

STEP 4 将鼠标指针定位至该列下一行空白单元格中，打开"公式"对话框，此时，公式则变为"=SUM(ABOVE)"，如图 2-53 所示。

STEP 5 将公式中"ABOVE"更改为"LEFT"，然后再单击"确定"按钮，如图 2-54 所示。

STEP 6 在所选单元格中即可显示计算结果，如图 2-55 所示。

图2-53

图2-54

行程日期	机票费用	住宿费用	餐饮费用	游玩费用	预计费用
2020/10/1	3000	3200	2000	3000	13200
2020/10/2	0	3200	3000	3000	9200
2020/10/3	0	3200	3500	4000	
2020/10/4	0	4500	2500	4000	
2020/10/5	3000	0	0	0	
总计					

图2-55

新手提示

求和公式中的"LEFT"表示对当前单元格左侧所有数据求和，而"ABOVE"则表示对当前单元格上方所有数据求和。默认情况下，如果结果单元格上方为文本，非数据，那么系统将自动选取左侧（LEFT）所有数据进行计算；当结果单元格上方出现一项数据，系统将默认选取上方（ABOVE）所有数据进行计算。所以，用户在设置时需注意"LEFT""ABOVE"的选取范围，以免出错。

STEP 7 按照同样的操作，分别计算出剩余天数的"预计费用"以及"总计"，如图 2-56 所示。

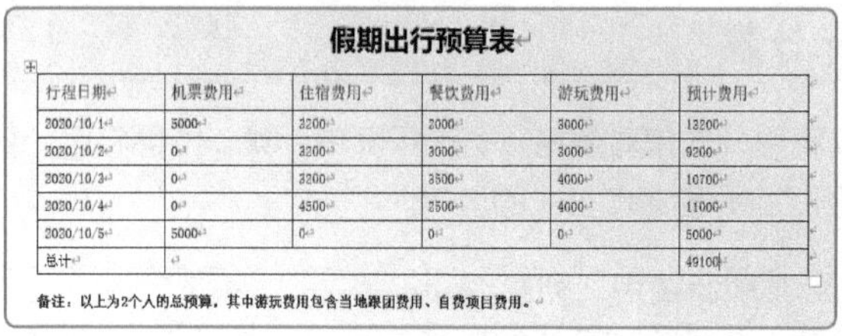

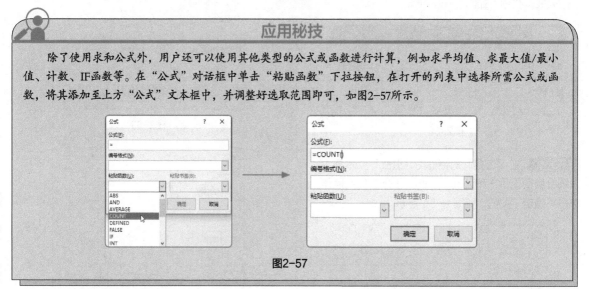

图2-56

应用秘技

除了使用求和公式外，用户还可以使用其他类型的公式或函数进行计算，例如求平均值、求最大值/最小值、计数、IF函数等。在"公式"对话框中单击"粘贴函数"下拉按钮，在打开的列表中选择所需公式或函数，将其添加至上方"公式"文本框中，并调整好选取范围即可，如图2-57所示。

图2-57

2.2.3　美化预算表格

初始表格创建完毕后，用户需要对其进行一些必要的美化，例如设置表格边框样式、底纹，以及数据内容的对齐方式等。下面将对创建的预算表格进行快速美化操作。

STEP 1 　全选表格，在"表格工具 - 设计"选项卡的"表格样式"选项组中单击"其他"按钮，在打开的列表中选择一款满意的样式，如图 2-58 所示。

图2-58

STEP 2 　选择好后，用户可查看设置效果，效果如图 2-59 所示。

STEP 3 　全选表格，在"表格工具 - 布局"选项

卡的"对齐方式"选项组中单击"水平居中"按钮，将表格内容居中显示，如图 2-60 所示。

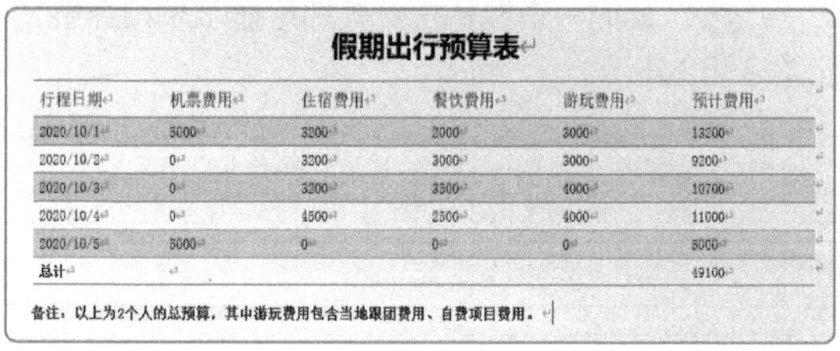

图2-59

图2-60

STEP 4 　调整好内容的字体、字号。至此，假期出行预算表制作完成，最终效果如图 2-61 所示。

假期出行预算表

行程日期	机票费用	住宿费用	餐饮费用	游玩费用	预计费用
2020/10/1	5000	3200	2000	3000	13200
2020/10/2	0	3200	3000	3000	9200
2020/10/3	0	3200	3500	4000	10700
2020/10/4	0	4500	2500	4000	11000
2020/10/5	5000	0	0	0	5000
总计					49100

备注：以上为2个人的总预算，其中游玩费用包含当地跟团费用、自费项目费用。

图2-61

2.3 制作景点游玩路线流程

在出行前，做好景点游玩规划是有必要的。下面以制作亚龙湾景点游玩路线流程图为例，来介绍如何制作流程图。

2.3.1 创建流程图

在Word中想要快速创建流程图，可使用SmartArt功能进行操作。SmartArt中包含了多种逻辑图类型，用户可根据需求来选择。

微课视频

1. 新建基本流程图

STEP 1 将鼠标指针放置于预算表格末尾处，在"布局"选项卡中单击"分隔符"下拉按钮，从列表中选择"下一页"选项，添加分节符。

STEP 2 在下一页中输入流程图标题"电子健康码申领流程"，并设置好其格式，将其居中显示。按【Enter】键另起一行。在"插入"选项卡中单击"SmartArt"按钮，打开"选择 SmartArt 图形"对话框，在此选择所需的流程图样式，如图 2-62 所示。

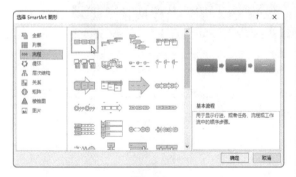

图2-62

STEP 3 选择后单击"确定"按钮，即可在鼠标指针处插入该流程图，如图 2-63 所示。

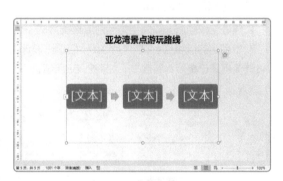

图2-63

STEP 4 单击图形中的"[文本]"，输入文本内容，如图 2-64 所示。

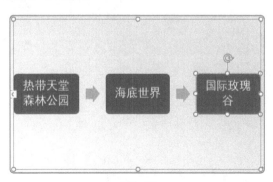

图2-64

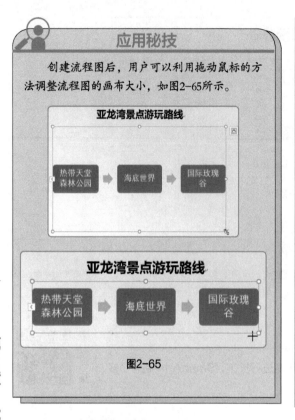

应用秘技

创建流程图后，用户可以利用拖动鼠标的方法调整流程图的画布大小，如图2-65所示。

图2-65

STEP 5 选中最后一个图形（国际玫瑰谷），在"SmartArt工具-设计"选项卡中单击"添加形状"下拉按钮❶，在列表中选择"在后面添加形状"选项❷，即可在被选图形后方添加一个新图形，如图2-66所示。

图2-66

STEP 6 单击该图形便可输入文字。按照同样的操作方法，在其后方继续添加其他图形，完成该流程图的创建，结果如图2-67所示。

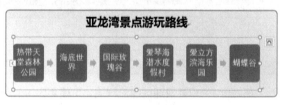

图2-67

2. 更换流程图版式

创建好流程图后，如果认为当前流程图版式不合适，用户可通过"版式"选项组重新选择其他的版式。

选中创建的流程图，在"SmartArt工具-设计"选项卡的"版式"选项组中选择一款新的流程图版式，此时被选流程图已更换为新版式，如图2-68所示。

图2-68

如果需要调整流程图中某个图形的前后顺序，可先选中该图形，在"SmartArt工具-设计"选项卡的"创建图形"选项组中单击"上移"或"下移"按钮。此外，单击"升级"或"降级"按钮，可对流程图中的某组级别进行调整，如图2-69所示。

图2-69

2.3.2　美化流程图

微课视频

　　为了使创建的流程图看起来更加美观，用户可以对其进行适当的美化操作。下面将详细介绍如何美化流程图。

1. 更改流程图颜色

STEP 1　选中创建好的流程图，适当调整其画布大小。将鼠标指针放置于流程图末尾换行符处，在"开始"选项卡中单击"居中"按钮，将流程图居中显示，结果如图2-70所示。

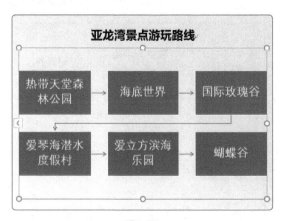

图2-70

　　流程图与图片一样，是以嵌入方式进行排列的。如果想设置流程图的对齐方式，先将鼠标指针放置于流程图末尾换行符处，然后再进行对齐操作。如果选择的是流程图文本，系统仅会对图形的文本进行对齐，需注意这一点。此外，要想移动流程图至任意处，需将其排列方式设为环绕型排列。

STEP 2　选中流程图，在"SmartArt 工具 - 设计"选项卡中单击"更改颜色"下拉按钮①，在列表中选择一款合适的颜色②，如图 2-71 所示。

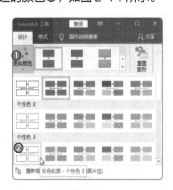

图2-71

STEP 3　此时被选流程图的颜色将发生相应的变化，效果如图 2-72 所示。

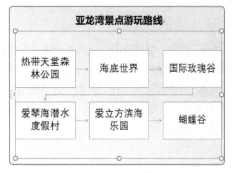

图2-72

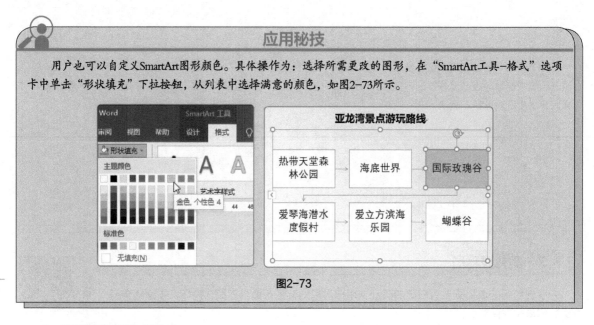

应用秘技

　　用户也可以自定义SmartArt图形颜色。具体操作为：选择所需更改的图形，在"SmartArt工具-格式"选项卡中单击"形状填充"下拉按钮，从列表中选择满意的颜色，如图2-73所示。

图2-73

2. 调整流程图外观样式

STEP 1　选中流程图，在"SmartArt 工具 – 设计"选项卡的"SmartArt 样式"选项组中单击"其他"下拉按钮，在打开的列表中选择一款外观样式，如图 2-74 所示。

图2-74

STEP 2　此时，流程图的外观样式已发生了变化，结果如图 2-75 所示。

STEP 3　选中流程图，在"开始"选项卡中对流程图文字格式进行设置。至此完成流程图的美化操作，结果如图 2-76 所示。

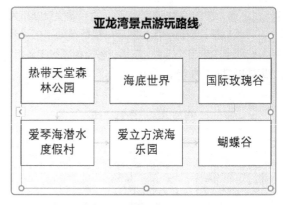

图2-75

图2-76

Q: 如何精准地调整图形的位置?

A: 在"绘图工具-格式"选项卡中单击"位置"下拉按钮,从列表中选择"其他布局选项"选项,打开"布局"对话框,在"位置"选项卡中,设置各参数即可改变图形的位置,如图2-77所示。

Q: 如何精确旋转图形的角度?

A: 在"绘图工具-格式"选项卡中,单击"旋转"下拉按钮,选择"其他旋转选项"选项,打开"布局"对话框,在"大小"选项卡中,设置"旋转"数值即可旋转图形,如图2-78所示。

图2-77

图2-78

Q: 是否可以用形状来绘制流程图?

A: 可以。如内置的SmartArt图形不能够满足要求,用户可以使用形状来设计流程图样式。在"形状"下拉按钮中选择各种形状,如图2-79所示。绘制完成后,将形状进行组合即可。将形状进行组合可以很方便地对所有形状进行统一管理。选中所有形状,在"绘图工具-格式"选项卡中单击"组合"按钮,在列表中选择"组合"选项,如图2-80所示。

图2-79

图2-80

第**2**章 Word文档的美化

第3章

长文档的处理

　　长文档是指文档篇幅比较大、结构大纲比较复杂、内容比较多的文档，例如毕业论文、公司各类合同或协议、产品宣传手册、项目活动策划方案等。本章将以员工入职手册以及劳动合同书两篇文档为例，来介绍长文档编排的常见操作。

3.1 编排员工入职手册

新员工顺利入职后，公司人事部门会对新员工进行入职培训，让新员工充分了解公司文化、公司组织结构、公司各项规章制度等，以帮助新员工更快地融入公司，并以好的状态开展各项工作。

3.1.1 设置文档页面布局

在开始编排文档前，应对页面布局进行一些必要的设置。例如，纸张大小、页边距、纸张方向等。

STEP 1 打开"员工入职手册"原始文档，在"布局"选项卡的"页面设置"选项组中单击 按钮，打开"页面设置"对话框，在"页边距"选项卡中将"上""下""左""右"的页边距都设为"2"，其他为默认，如图 3-1 所示。

图3-1

STEP 2 切换到"纸张"选项卡，将"纸张大小"设为"A4"，如图 3-2 所示。设置完成后单击"确定"按钮，完成页面设置操作。

图3-2

应用秘技

在"页面设置"对话框的"文档网格"选项卡中，用户还可以控制每页的行数、每行的字符数，如图3-3所示，以便适用于一些特殊文档格式。

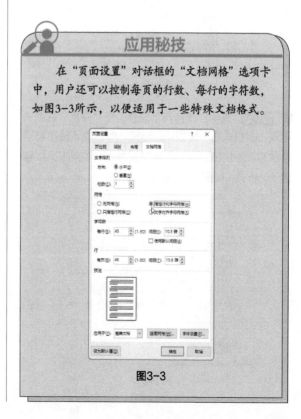

图3-3

3.1.2 调整文档格式

下面将对文档的格式进行调整，其中包含设置文档样式、调整文档编号及项目符号等。

1. 设置文档样式

STEP 1 选中"欢迎词"标题内容，在"开始"选项卡的"样式"选项组中，选择"标题 1"样式，为其添加该样式，如图 3-4 所示。

图3-4

STEP 2 保持该标题为选中状态，将该标题字体设置为"黑体"，字号为"二号"。打开"段落"对话框，将"段前""段后"均设为"6 磅"，结果如图 3-5 所示。

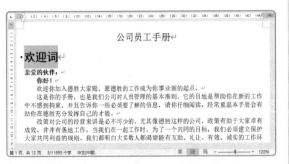

图3-5

STEP 3 选中"欢迎词"标题，在"开始"选项卡中双击"格式刷"按钮，当鼠标指针显示成小刷子形状时，选中"第 1 章 总则"标题内容，即可应用"标题 1"样式，如图 3-6 所示。

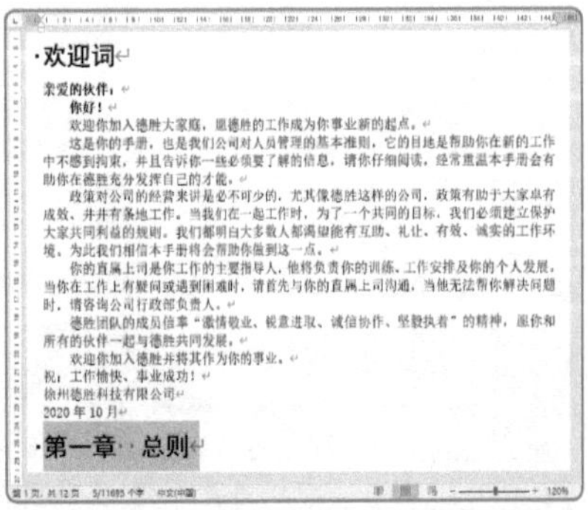

图3-6

STEP 4 继续选中其他章标题内容，为其应用相同的标题样式。在"视图"选项卡的"显示"选项组中勾选"导航窗格"复选框，即可打开"导航"窗格，在此可查看文档所有章标题内容，如图 3-7 所示。

图3-7

STEP 5 选中第四章的小标题（一、行为准则）内容，在"样式"选项组中为其应用"标题 2"样式，将字体设为"宋体"，字号为"小四"。将"段前""段后"均设为"0.5 行"，结果如图 3-8 所示。

图3-8

STEP 6 使用格式刷功能，将设置好的标题 2 样式，应用于其他同级小标题上，如图 3-9 所示。

图3-9

第3章 长文档的处理

用户使用导航窗格可以快速查看当前文档的整体结构。单击其中一项标题内容，系统会自动跳转至相关页面。此外，用户还可以在该窗格中快速删除多余的内容。具体操作为：选中所需标题，右击，在快捷菜单中选择"删除"命令，如图3-10所示，此时该段内容将被删除。

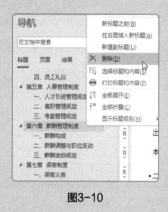

图3-10

STEP 7 按【Ctrl+A】组合键全选手册内容，打开"段落"对话框，将"行距"设为"1.5倍行距"，调整所有段落行距。此外，将"亲爱的伙伴：你好！"文字格式设为"宋体""四号"，结果如图3-11所示。

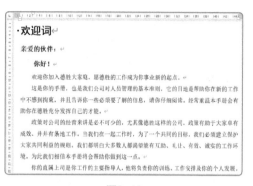

图3-11

STEP 8 将祝福语格式设为加粗显示。然后选中落款内容，将其字号设为四号，将其"段前"设为"3行"，右对齐显示，结果如图 3-12 所示。

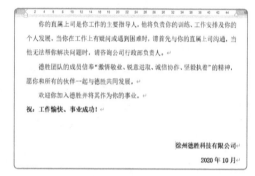

图3-12

2. 调整文档编号及项目符号

STEP 1 选中第一章的正文内容，单击"编号"下拉按钮，在列表中选择一款编号样式，为其更换编号样式。利用标尺，调整好段落缩进值，结果如图 3-13 所示。

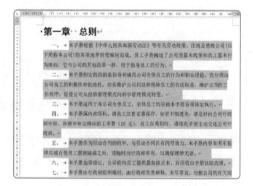

图3-13

STEP 2 选中第二章中需要加项目符号的内容，单击"项目符号"下拉按钮，在列表中选择一款符号样式，为其添加项目符号。同样利用标尺，调整好段落缩进值，结果如图 3-14 所示。

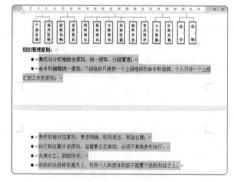

图3-14

STEP 3 选中第四章的"一、行为准则"正文内容（除"员工在工作中应当遵守以下行为准则"），将其编号样式设为"1."样式，利用标尺，调整好段落缩进值，结果如图 3-15 所示。

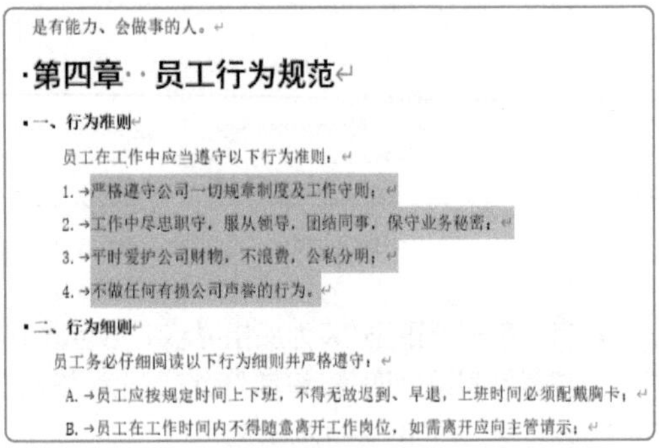

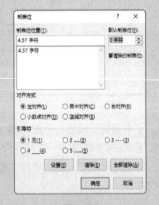

图3-15

STEP 4 按照同样的操作，修改其他章中不合适的编号、项目符号样式，结果如图 3-16 所示。

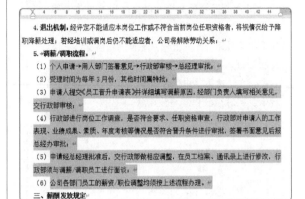

图3-16

应用秘技

添加编号后，若发现编号与文本之间的距离太大，用户可使用"制表位"功能进行操作。具体操作为：打开"段落"对话框，单击"制表位"按钮，在打开的对话框中，将"默认制表位"的"2字符"改为"0字符"，如图3-17所示，单击"确定"按钮即可缩小编号与文本间的距离，结果如图3-18所示。

图3-17

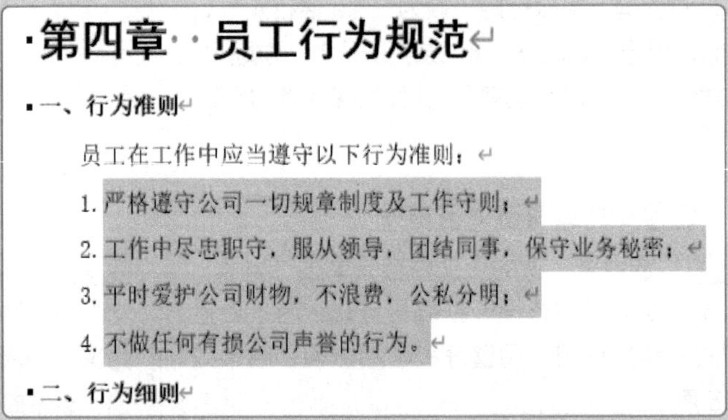

图3-18

3.1.3 添加封面页

在Word中，用户可快速为文档添加封面页，使文档更具完整性。下面将为员工入职手册添加封面页。

STEP 1 将鼠标指针放置于文档起始位置，在"插入"选项卡中单击"封面"下拉按钮❶，在列表中选择一款满意的模板❷，即可创建一张封面页，如图 3-19 所示。

STEP 2 选中封面页"文档标题"控件内容，输入员工入职手册标题，并设置好其文本格式，如图 3-20 所示。

STEP 3 选中页面上、下两个矩形，在"绘图工

具-格式"选项卡中单击"形状填充"下拉按钮❶，在列表中选择一款填充色❷，更换矩形颜色，如图 3-21 所示。

STEP 4 选中页面下方"公司地址"控件，按【Delete】键将其删除。单击"公司名称"控件内容，输入公司名称，并设置好其文本格式，如图 3-22 所示。

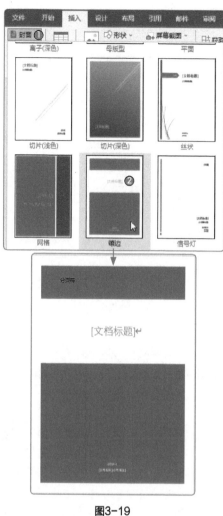

图3-19

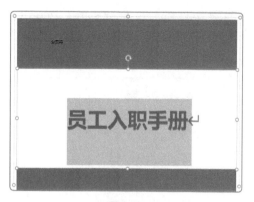

图3-20

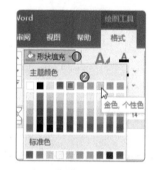

图3-21

图3-22

3.1.4 提取目录

对于长文档，通常都需为其添加目录，以方便用户快速查找到相关信息。下面将为员工入职手册添加目录。

STEP 1 将鼠标指针放置于"欢迎词"前，在"插入"选项卡中单击"空白页"按钮，如图3-23所示，在该页前插入一张空白页。

图3-23

STEP 2 将鼠标指针放置于空白页起始位置处，输入"目录"标题。按【Enter】键另起一行，在"引用"选项卡中单击"目录"下拉按钮①，在列表中选择"自定义目录"选项②，如图3-24所示。

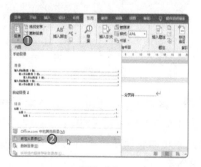

图3-24

STEP 3 在打开的"目录"对话框中，取消勾选"使用超链接而不使用页码"复选框❶，单击"确定"按钮❷，如图 3-25 所示。

图3-25

STEP 4 设置好后，鼠标指针处即可插入本文档的目录，如图 3-26 所示。

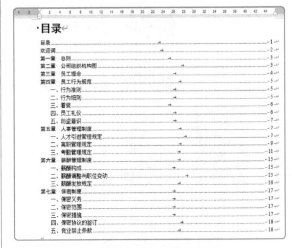

图3-26

新手提示

在添加目录前，需要为文档各标题添加相应级别的样式，未设置标题样式的文档是无法自动生成目录的。

3.1.5 添加页码

微课视频

文档目录添加完毕后，接下来就需要为文档添加相应的页码信息。本案例将从文档第3页开始添加页码。

STEP 1 将鼠标指针放置于目录页起始处，在"布局"选项卡中单击"分隔符"下拉按钮❶，从列表中选择"下一页"选项❷，如图 3-27 所示，将文档分为 2 节。

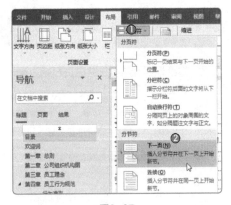

图3-27

STEP 2 将鼠标指针放置于"欢迎词"页面起始处，再为其添加"下一页"分节符，将文档分为 3 节，此时在目录页中会显示一个分节符（下一页），如图 3-28 所示。

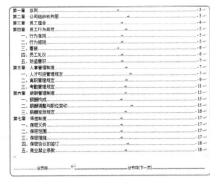

图3-28

应用秘技

默认情况下，整篇文档为1节。如果要为文档添加页码，那么页码将会从首页开始显示。本案例是在文档的第3页开始添加页码，所以需要先对文档进行分节，再添加页码。在状态栏中可查看当前文档所有的"节"信息。如果状态栏中不显示"节"信息，可右击状态栏，在快捷菜单中勾选"节"命令。

STEP 3 双击"欢迎词"页面的页脚区域，使其进入编辑状态。在"页眉和页脚工具－设计"选项卡中取消勾选"首页不同"复选框❶，然后再单击"链接到前一页"按钮❷，如图 3-29 所示，取消与上一节页脚的链接。此时从该页开始，以后所有页的页脚均取消链接设置。

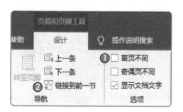

图3-29

STEP 4 在"页眉和页脚工具－设计"选项卡中单击"页码"下拉按钮❶，在列表中选择"设置页码格式"选项❷，打开"页码格式"对话框，在此选择好"编号格式"❸，并将"起始页码"设为"1"❹，如图 3-30 所示。

图3-30

STEP 5 单击"确定"按钮，关闭对话框。再次单击"页码"下拉按钮❶，从列表中选择"页面底端"选项❷，在其级联菜单中选择一款合适的页码样式❸，如图 3-31 所示。

图3-31

STEP 6 选择完成后，从当前页开始将会显示相应的页码，如图 3-32 所示。

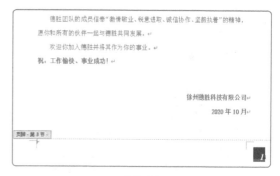

图3-32

STEP 7 选中当前页码底纹形状，在"绘图工具－格式"选项卡中单击"形状填充"下拉按钮，从列表中选择一款颜色，即可更改页码底色，如图 3-33 所示。

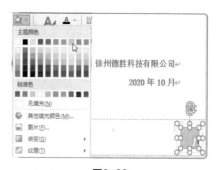

图3-33

STEP 8 设置完成后，其他页码底色都会发生相应的变化。在"页眉和页脚工具－设计"选项卡中单击"关闭页眉和页脚"按钮，如图 3-34 所示，退出页脚编辑状态，完成文档页码的添加操作。

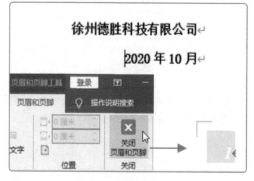

图3-34

STEP 9 在目录页中，选中所有目录内容，右击，在快捷菜单中选择"更新域"命令，如图 3-35 所示。

STEP 10 在打开的对话框中，保持默认设置，单击"确定"按钮，如图 3-36 所示，完成目录的更新操作。

图3-35

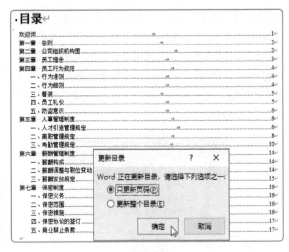

图3-36

3.1.6 添加脚注

　　脚注是对文档中某内容进行的解释说明，其显示在页面底端。下面将为员工入职手册添加脚注。

STEP 1 定位至文档第 9 页，选中"《人力需求申请表》"文本内容，在"引用"选项卡中单击"插入脚注"按钮，此时被选文本右上角会显示"1"，系统会自动跳转到当前页底部，如图 3-37 所示。

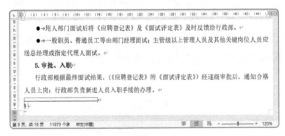

图3-37

STEP 2 在鼠标指针处输入脚注内容，即可完成脚注内容的添加操作，如图 3-38 所示。

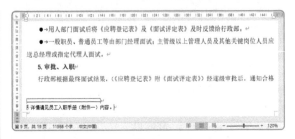

图3-38

　　至此，员工入职手册文档编排完成，保存即可。

第3章 长文档的处理

3.2 完善劳动合同书

劳动合同指的是劳动者与用人单位之间确立劳动关系、明确双方权利和义务的协议。本节将以完善劳动合同书为例，来介绍长文档内容的校对、保护等操作。

3.2.1 制作合同封面

3.1节介绍了如何插入系统内置封面的操作，3.2节制作的是一份较为严谨的合同文档，所以不太适用花哨的封面。用户可以利用插入空白页的方法，自定义一份简单大方的合同封面。

STEP 1 打开"劳动合同书"原始文档，将鼠标指针放置于文档起始位置，在"插入"选项卡中单击"空白页"按钮，如图3-39所示，即可在该页前插入一张空白页。

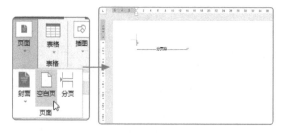

图3-39

STEP 2 在空白页中输入封面内容，将"劳动合同书"文本字体设为"黑体"，字号为"初号"，并加粗显示。将其他文本字体设为"宋体"，字号为"小二"，并加粗显示部分内容。效果如图3-40所示。

图3-40

STEP 3 将鼠标指针放置于"劳动合同书"前，打开"段落"对话框，将"段前"设为"9行"，并居中对齐显示。将鼠标指针放置于"甲方"文本前，在"段落"对话框中将"段前"设为"12行"，同样居中对齐显示，将"乙方"所在行文本设为居中对齐，效果如图3-41所示。

图3-41

STEP 4 先将"乙方"所在行文本设为左对齐，然后按2次【Tab】键将其与"甲方"所在行文本对齐，效果如图3-42所示。

图3-42

STEP 5 选中"劳动合同书"文本，打开"字体"对话框，将"间距"设为"加宽"，将"磅值"设为"10磅"，效果如图3-43所示。

图3-43

STEP 6 选中"劳动者"文本，在"开始"选项卡的"段落"选项组中单击"中文版式"下拉按钮❶，在列表中选择"调整宽度"选项❷，在打开的"调整宽度"对话框中，将"新文字宽度"设为"4"❸，单击"确定"按钮❹，如图3-44所示。

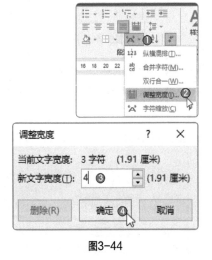

图3-44

STEP 7 设置完成后，被选中的"劳动者"文本将与上方"用人单位"文本对齐显示，如图3-45所示。

图3-45

STEP 8 利用下画线功能，在"甲方"和"乙方"后相应位置添加下画线。将"乙方"所在行的"段前"设为"1行"，结果如图3-46所示。至此，合同封面制作完毕。

图3-46

3.2.2 检查并调整合同内容

由于合同文档的特殊性，所以用户在编排合同内容时，需要对其进行逐一检查，以避免一些不必要的麻烦。Word自带拼写检查功能，用户在输入文本时，系统会自动对文本或段落内容进行检查，并对有误的文本进行标注，提醒用户修正。

1. 校对全文内容

STEP 1 在"审阅"选项卡中单击"拼写和语法"按钮，打开"语法"窗格。在该窗格中，系统会显示当前页面中的错误用词，如图3-47所示。

STEP 2 此时，用户需判断当前标记的用词是否正确，如果正确，可单击"忽略"按钮，如图3-48所示，系统会删除错误标志并依次显示下一个错误用词。如当前用词确实有误，用户在正文中进行修改即可。

STEP 3 按照该方法，对其他文本进行逐一排查，完成全文校对操作后，即可关闭该窗格。

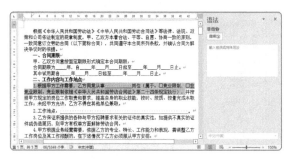

图3-47

图3-48

2. 批量修改文本内容

在校对内容时，如果某个错误用词出现多次，用户可使用"替换"功能进行批量修改操作。

STEP 1 在"开始"选项卡的"编辑"选项组中单击"替换"按钮，打开"查找和替换"对话框，在"查找内容"文本框中输入要替换的文本，例如"工字"，在"替换为"文本框中输入正确的文本，例如"工资"，设置好后，单击"全部替换"按钮，如图3-49所示。

图3-49

STEP 2 在打开的提示对话框中会显示替换的数量，单击"确定"按钮，如图3-50所示。此时文档中所有"工字"已批量更改为"工资"。

图3-50

应用秘技

利用"替换"功能可以批量修改文本格式。具体操作如下。在"查找和替换"对话框中设置好"查找内容"后，将鼠标指针放置于"替换为"文本框中，单击"更多"按钮①，在展开的列表中单击"格式"按钮②，在打开的列表中选择"字体"选项③，如图3-51所示。打开"替换字体"对话框，设置好所需的字体格式，单击"确定"按钮，返回"查找和替换"对话框，单击"全部替换"按钮，如图3-52所示，即可完成文本格式的批量修改操作。

图3-51

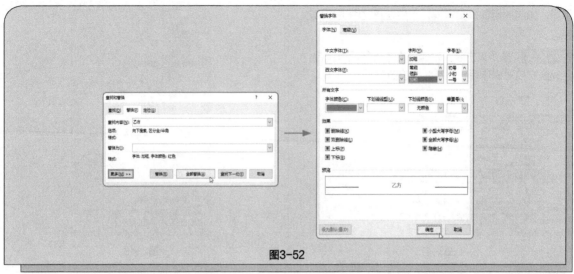

图3-52

3.2.3 为合同添加页眉和页码

微课视频

用户可以为合同添加页眉和页码，使其更加规范。下面将为劳动合同书添加页眉和页码。

STEP 1 全选正文内容，在"段落"对话框中，将"行距"设为"1.5 倍行距"，适当加宽正文行距，结果如图 3-53 所示。

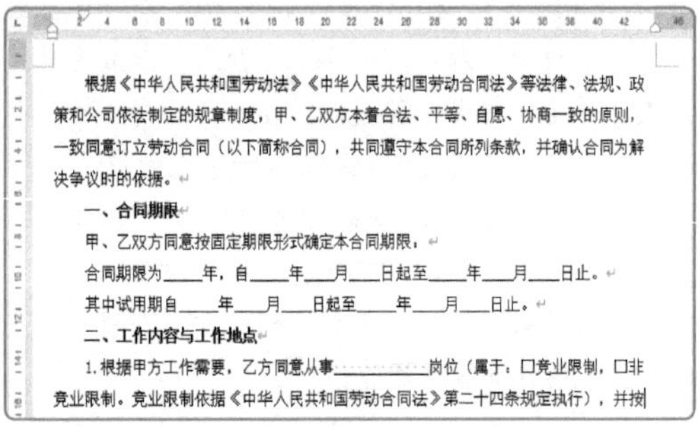

图3-53

STEP 2 双击任意页面的页眉区域，进入页眉编辑状态，在"页眉和页脚工具 – 设计"选项卡中单击"页眉"下拉按钮，在列表中选择"空白"选项，即可插入简单页眉，如图 3-54 所示。

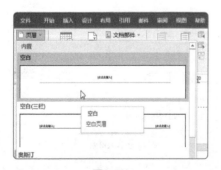

图3-54

STEP 3 在"页眉和页脚工具 – 设计"选项卡的"位置"选项组中，将"页眉顶端距离"设为"0.9 厘米"，调整页眉与正文之间的距离，结果如图 3-55 所示。

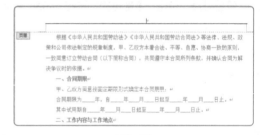

图3-55

STEP 4 在页眉区域中输入所需页眉内容，并设置好其文本格式，结果如图 3-56 所示。

图3-56

STEP 5 在"页眉和页脚工具 – 设计"选项卡的"导航"选项组中，单击"转至页脚"按钮，如图 3-57 所示，跳转到该页的页脚区域。

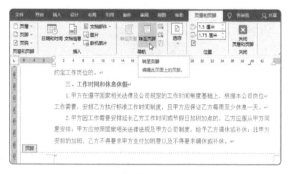

图3-57

图3-58

STEP 6 在"页眉和页脚工具－设计"选项卡中单击"页码"下拉按钮，在打开的列表中选择"页面底端"选项，并在其级联菜单中选择一款页码样式，如图 3-58 所示。

STEP 7 设置完成后即可完成页码的添加操作，单击"关闭页眉和页脚"按钮，退出页眉和页脚编辑状态，结果如图 3-59 所示。

图3-59

3.2.4 对合同内容进行保护

为了避免电子合同被人恶意篡改，用户可以对指定的合同内容设置保护措施。下面将对合同部分内容设置限制编辑操作。

STEP 1 按住【Ctrl】键，选择正文中所有带下画线的内容，如图 3-60 所示。

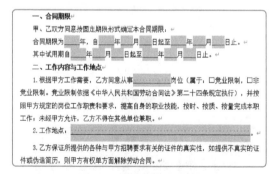

图3-60

STEP 2 在"审阅"选项卡的"保护"选项组中单击"限制编辑"按钮，打开"限制编辑"窗格，勾选"仅允许在文档中进行此类型的编辑"复选框①，在"例外项（可选）"栏中勾选"每个人"复选框②，此时，被选内容均会显示一对中括号，如图 3-61 所示。

STEP 3 在该窗格中单击"是，启动强制保护"按钮，在打开的"启动强制保护"对话框中输入保护密码（123）①，单击"确定"按钮②，如图 3-62 所示。

图3-61

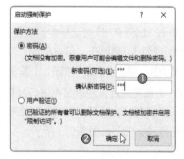

图3-62

STEP 4 设置完成后，该文档所有括号内的区域是可编辑的，其他区域将无法编辑。结果如图 3-63 所示。

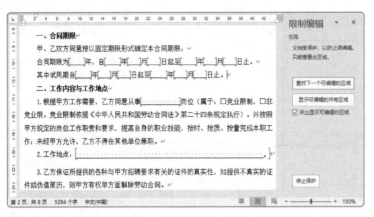

图3-63

此外，用户还可为合同文档添加密码保护，只有知晓密码的人才可以打开文档。下面将介绍具体操作。

STEP 1 单击"文件"选项卡，选择"信息"选项，在"信息"界面中单击"保护文档"下拉按钮，在列表中选择"用密码进行加密"选项，如图3-64所示。

图3-65

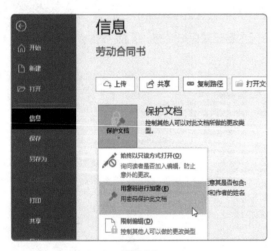

图3-64

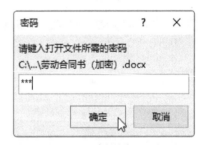

图3-66

STEP 2 在"加密文档"对话框中设置密码（123），单击"确定"按钮，然后在"确认密码"对话框中重新输入一遍密码，单击"确定"按钮，如图3-65所示。

STEP 3 设置完成后，对该文档进行保存。当再次打开该合同文档时，会打开"密码"对话框，在此输入密码即可打开文档，如图3-66所示。

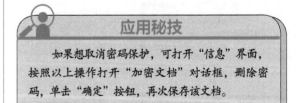

应用秘技

如果想取消密码保护，可打开"信息"界面，按照以上操作打开"加密文档"对话框，删除密码，单击"确定"按钮，再次保存该文档。

Q：如何删除添加的分节符？

A：在页面中添加了分节符后，按【Delete】键就可以将其删除，也可通过大纲视图选择分节符后将其删除。在"视图"选项卡中单击"大纲"按钮，即可切换至大纲视图。在该视图中所有分节符、分页符都能够显示出来，选中后按【Delete】键删除即可，如图3-67所示。

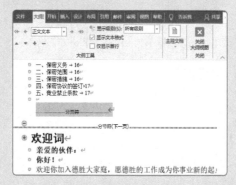

图3-67

Q：如何批量更改标题样式？

A：当正文中应用了标题样式后，如果对该样式进行了修改，那么可利用"更新"功能，批量更改应用该样式的标题。在"样式"列表中右击更改的标题样式，在快捷菜单中选择"更新标题以匹配所选内容"命令，如图3-68所示。

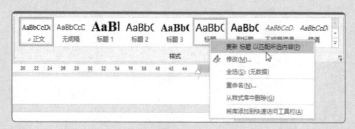

图3-68

Q：添加编号后，如何设置编号的起始值？

A：右击所需编号内容，在快捷菜单中选择"设置编号值"命令，打开"起始编号"对话框，在"值设置为"数值框中输入所需起始值，如图3-69所示。

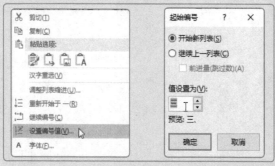

图3-69

第 4 章

文档的高级操作

用户除了使用 Word 的一些基础功能制作常用的文档外，还可以使用高级工具，完成复杂文档的制作，例如文档的批量制作、文档控件的使用等。本章将以案例的形式，向用户介绍文档的高级操作。

4.1 制作双面会议席卡

席卡又称台签、桌牌，放置于相应席位的桌面上，用于表明出席单位或个人的称谓。席卡的制作方法有很多，本案例将利用邮件合并功能来制作席卡。

4.1.1 设计席卡内容

在批量制作席卡前，应对席卡的内容进行设计。

STEP 1 新建一份空白文档。打开"页面设置"对话框，在"纸张"选项卡中将"宽度"设为"19 厘米"，将"高度"设为"18 厘米"，单击"确定"按钮，如图 4-1 所示。

图4-1

STEP 2 在"布局"选项卡中单击"页边距"下拉按钮，从列表中选择"窄"选项，如图 4-2 所示。

STEP 3 在"插入"选项卡中单击"表格"下拉按钮，插入一个 2 行 1 列的表格，并调整好表格的大小，如图 4-3 所示。

STEP 4 将鼠标指针放置于首个单元格中，将背景图片拖动至该单元格，如图 4-4 所示。

STEP 5 适当调整背景图大小，使其填满整个单元

格。选中该图片，在"图片工具 – 格式"选项卡中，单击"环绕文字"下拉按钮，从列表中选择"衬于文字下方"选项，如图 4-5 所示。

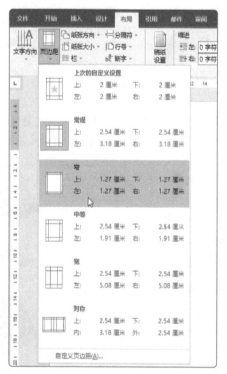

图4-2

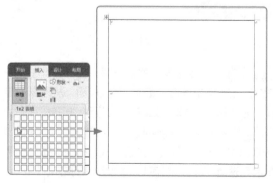

图4-3

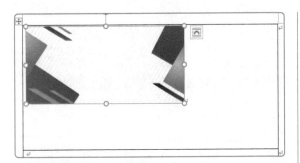

图4-4

图4-5

STEP 6 按住【Ctrl】键，并选中插入的背景图片，将其复制到下一个单元格中，结果如图 4-6 所示。

图4-6

STEP 7 选中复制后的背景图，在"图片工具 - 格式"选项卡中单击"旋转"下拉按钮，从列表中选择"垂直翻转"选项，如图 4-7 所示，翻转图片。

STEP 8 选中旋转后的图片，在"图片工具 - 格式"选项卡中，单击"旋转"按钮，从列表中选择"水平翻转"选项，再次翻转图片，如图 4-8 所示。

STEP 9 插入文本框，并输入文字，设置好其格式，放置于表格合适位置，如图 4-9 所示。

图4-7

图4-8

图4-9

STEP 10 复制文本内容，并设置"垂直翻转"，效果如图 4-10 所示。

图4-10

STEP 11 选中表格，在悬浮格式工具栏中单击"边框"下拉按钮❶，在列表中选择"无框线"选项❷，隐藏表格框线，如图 4-11 所示。

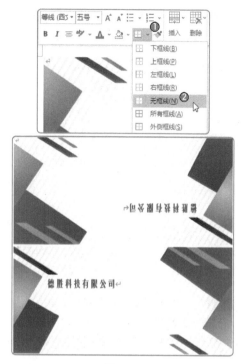

图4-11

4.1.2 批量生成席卡

微课视频

席卡内容设计好后，接下来就可利用邮件合并功能批量生成席卡了。在批量生成席卡前，需准备好席卡名单。用户可以利用Word或Excel来制作席卡名单。

STEP 1 打开 Excel，录入名单信息，并将其保存好，如图 4-12 所示。

图4-12

STEP 2 在席卡页面中创建一个空白文本框，调整好其位置，如图 4-13 所示。

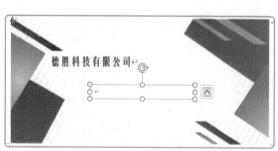

图4-13

STEP 3 将鼠标指针放置在该文本框中，在"邮件"选项卡中单击"开始邮件合并"下拉按钮❶，在列表中选择"邮件合并分步向导"选项❷，如图 4-14 所示。

STEP 4 打开"邮件合并"窗格，在该窗格中单击"下一步：开始文档"按钮，如图 4-15 所示。

图4-14

STEP 5 在"选择开始文档"栏中，保持默认设置，单击"下一步：选择收件人"按钮，如图 4-16 所示。

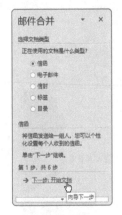

图4-15　　　　　图4-16

STEP 6 在"使用现有列表"栏中，单击"浏览"按钮，打开"选取数据源"对话框，在此选择设置好的席卡名单，并单击"打开"按钮，如图 4-17 所示。

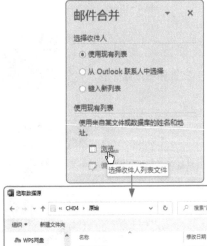

图4-17

STEP 7 在打开的"选择表格"对话框中，保持默认设置，如图 4-18 所示。单击"确定"按钮，打开"邮件合并收件人"对话框，这里可以单独选择某几位收件人，也可以全选收件人，设置后单击"确定"按钮，如图 4-19 所示。

图4-18

图4-19

STEP 8 在"邮件"选项卡中单击"插入合并域"下拉按钮，在列表中选择"姓名"域，此时该域已插入文本框，如图 4-20 所示。

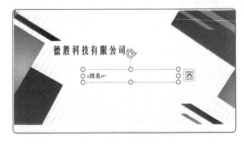

图4-20

STEP 9 选中"姓名"域，适当地美化一下文本，效果如图 4-21 所示。

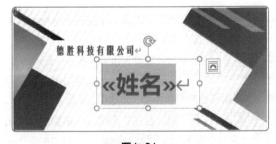

图4-21

STEP 10 复制该域至另外一个单元格中，并对其进行旋转，结果如图 4-22 所示。

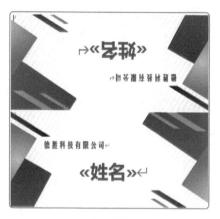

图4-22

STEP 11 在"邮件合并"窗格中依次单击"下一步：撰写信函""下一步：预览信函"按钮，如图 4-23 所示。

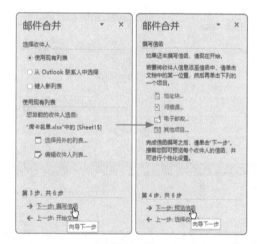

图4-23

STEP 12 此时，在页面中可预览制作的席卡效果，如图 4-24 所示。

图4-24

STEP 13 确认无误后，在"邮件合并"窗格中单击"下一步：完成合并"按钮，如图 4-25 所示。

STEP 14 在"邮件合并"窗格的"合并"栏中单击"编辑单个信函"按钮，如图 4-26 所示。

图4-25　　　　　　　图4-26

STEP 15 在"合并到新文档"对话框中，保持默认设置，单击"确定"按钮，此时系统会生成新的合并文档，在该文档中可查看最终生成的所有席卡效果，如图 4-27 所示。

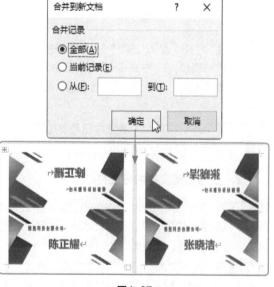

图4-27

至此，会议席卡制作完毕，保存即可。

4.2 批量制作名片

名片是展示公司及个人基本信息最直接、最直观的形式之一。下面将以批量制作名片为例，向用户介绍Word控件的使用、邮件合并功能的应用等操作。

4.2.1 利用功能区命令制作名片

用户设计好名片版式后，需要添加内容控件。下面将介绍具体的操作方法。

1. 启用控件功能

STEP 1 在编辑界面中，单击"文件"选项卡，选择"选项"选项，如图 4-28 所示。

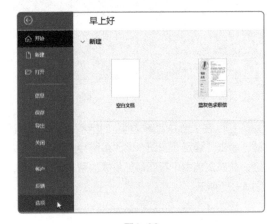

图4-28

图4-29

STEP 2 打开"Word 选项"对话框，选择"自定义功能区"选项❶，在"主选项卡"列表框中，勾选"开发工具"复选框❷，单击"确定"按钮❸，如图 4-29 所示。

STEP 3 此时，Word 功能区中已经添加了"开发工具"选项卡，如图 4-30 所示。

图4-30

2. 使用格式文本内容控件

STEP 1 在"插入"选项卡中单击"文本框"下拉按钮，从列表中选择"绘制横排文本框"选项，在图片上方绘制文本框，效果如图 4-31 所示。

STEP 2 选中文本框，在"绘图工具－格式"选项卡中，将"形状填充"设置为"无填充"，将"形状轮廓"设置为"无轮廓"，如图 4-32 所示。

STEP 3 将鼠标指针放置在文本框中，在"开发工具"选项卡中，单击"格式文本内容控件"按钮，如图 4-33 所示。

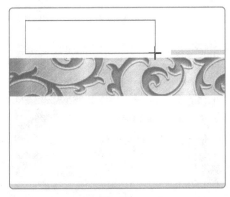

图4-31

第4章 文档的高级操作

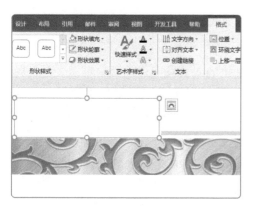

图4-32

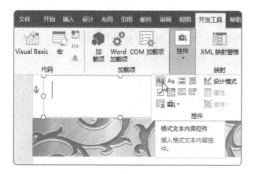

图4-33

STEP 4 此时，在文本框中出现了格式文本内容控件，并在控件中出现了提示信息，如图 4-34 所示。

图4-34

STEP 5 选中控件，在"开发工具"选项卡中，单击"设计模式"按钮，如图 4-35 所示。

图4-35

STEP 6 此时，控件变为可编辑状态，选中控件的提示文本，输入新的提示内容"在此输入公司名称"，如图 4-36 所示。

图4-36

STEP 7 选中文本，在"开始"选项卡中，将"字体"设置为"黑体"，将"字号"设置为"四号"，加粗显示，如图 4-37 所示。

图4-37

STEP 8 继续插入文本框，输入内容，并设置其字体格式为"黑体""五号"，将第 1 行的对齐方式设为"右对齐"，第 2、3 行的对齐方式设为"左对齐"，如图 4-38 所示。

图4-38

STEP 9 分别插入三个格式文本内容控件，如图 4-39 所示。

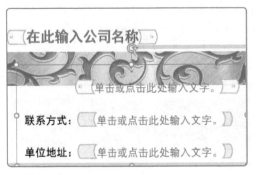

图4-39

STEP 10 分别在控件中输入内容，并设置字体格式，如图 4-40 所示。

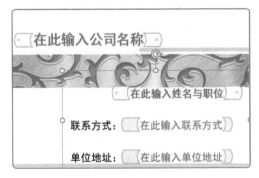

图4-40

STEP 11 在"开发工具"选项卡中再次单击"设计模式"按钮，退出设计模式，然后适当调整文本框的

位置，如图 4-41 所示。

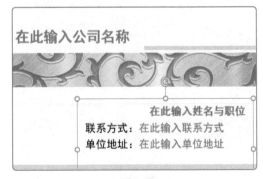

图4-41

STEP 12 单击"文件"选项卡，选择"另存为"选项，在"另存为"界面中单击"浏览"按钮，打开"另存为"对话框，设置保存位置和文件名，并将"保存类型"设置为"Word 模板"，单击"保存"按钮，如图 4-42 所示，将文档保存为模板。

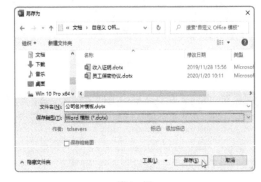

图4-42

4.2.2 使用邮件合并功能制作名片

微课视频

批量制作名片可提高一定的工作效率。下面将介绍如何使用邮件合并功能批量制作名片的操作。

1. 创建数据源表格

STEP 1 新建一个空白文档，并命名为"名片信息"，如图 4-43 所示。

图4-43

STEP 2 插入一个 4 行 4 列的表格，输入名片中的相关内容，如图 4-44 所示。

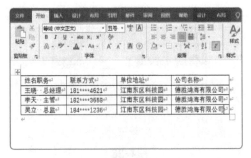

图4-44

第4章 文档的高级操作

2. 插入合并域

STEP 1 在"邮件"选项卡中单击"选择收件人"下拉按钮①，从列表中选择"使用现有列表"选项②，如图 4-45 所示。

图4-45

STEP 2 打开"选取数据源"对话框，选择"名片信息"文档，单击"打开"按钮，如图 4-46 所示。

图4-46

STEP 3 选中"在此输入公司名称"文本，在"邮件"选项卡中，单击"插入合并域"下拉按钮①，从列表中选择"公司名称"选项②，如图 4-47 所示。

STEP 4 此时系统会在该位置插入域信息，选中该信息文本，在"开始"选项卡中修改字体格式，结果如图 4-48 所示。

STEP 5 按照同样的方法，依次插入"姓名职务""联系方式"和"单位地址"域，并设置字体格式，结果

如图 4-49 所示。

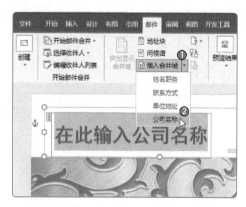

图4-47

图4-48

图4-49

3. 完成合并

STEP 1 在"邮件"选项卡中单击"完成并合并"下拉按钮，从列表中选择"编辑单个文档"选项，如图 4-50 所示。

STEP 2 打开"合并到新文档"对话框，选中"全

部"单选按钮，单击"确定"按钮，如图 4-51 所示。

STEP 3 稍等片刻，即可批量生成名片，如图 4-52 所示。

第4章 文档的高级操作

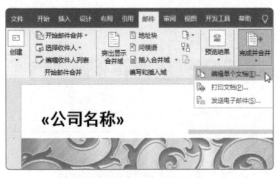

图4-50

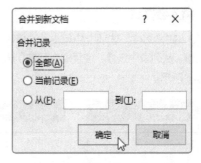

图4-51

图4-52

疑难解答

Q：如何添加日期控件？

A：将鼠标指针放置于需添加日期控件的单元格内，在"开发工具"选项卡的"控件"选项组中，单击"日期选取器内容控件"按钮，如图4-53所示。然后单击控件右侧的下拉按钮，在展开的日期选取器中选择需要的日期，如图4-54所示。

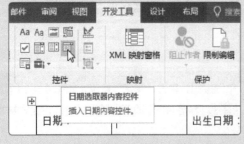

图4-53

图4-54

Q：如何删除内容控件？

A：选中内容控件，如图4-55所示，按【Delete】键或连续按两次【Backspace】键即可。

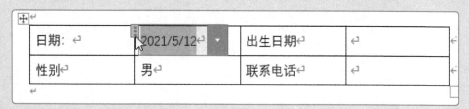

图4-55

Q：如何显示段落标记？

A：在"开始"选项卡中单击"段落"选项组的"显示/隐藏编辑标记"按钮即可，如图4-56所示。

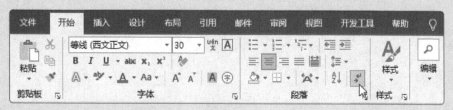

图4-56

第 5 章

Excel 电子表格的制作

Excel 作为 Office 办公组件中的重要组成部分，可以用来制作各种类型的表单。想要灵活地运用 Excel 进行各种操作，必须先掌握工作簿与工作表的基本操作。本章将以案例的形式，向用户详细介绍编辑表格内容、美化表格等操作。

5.1　创建办公用品采购申请表

办公用品采购申请表中统计了各部门申请采购办公用品的种类和数量。下面将以创建办公用品采购申请表为例，来详细介绍Excel表格的基本操作。

5.1.1　工作簿与工作表的基本操作

制作表格的前提是创建工作簿，并按照需要对其进行一些基本操作，下面将进行详细介绍。

1. 创建工作簿

STEP 1　在桌面上双击"Excel"图标，启动Excel软件。在打开的界面中选择"空白工作簿"选项，如图5-1所示。

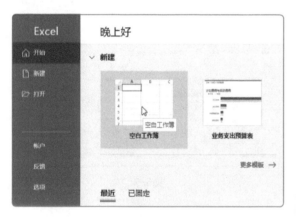

图5-1

STEP 2　此时，系统将创建一个名为"工作簿1"的空白工作簿，如图5-2所示。

图5-2

应用秘技

除了创建空白工作簿外，用户还可以创建模板工作簿。启动Excel后，在打开的界面中选择"新建"选项①，在右侧"搜索联机模板"文本框中输入关键词②，单击"开始搜索"按钮③，在搜索结果列表中选择需要创建的模板④，如图5-3所示，在打开的界面中单击"创建"按钮⑤，如图5-4所示，稍等片刻，即可创建一个模板工作簿。

图5-3

图5-4

2. 保存工作簿

STEP 1 单击快速访问工具栏中的"保存"按钮，或按【Ctrl+S】组合键，如图 5-5 所示。

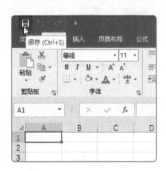

图5-5

图5-6

STEP 2 打开"另存为"界面，在该界面中单击"浏览"按钮，如图 5-6 所示。

STEP 3 在打开的"另存为"对话框中，选择工作簿的保存位置，并输入文件名，然后单击"保存"按钮即可，如图 5-7 所示。

应用秘技

如果用户通过快捷菜单新建空白工作簿，则在工作表中输入内容后，直接单击"保存"按钮进行保存即可。

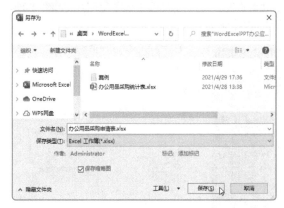

图5-7

3. 新建/删除工作表

STEP 1 新建工作表。在工作簿中单击"新工作表"按钮，即可插入一个新工作表，如图 5-8 所示。或者在"开始"选项卡的"单元格"工作组中单击"插入"下拉按钮❶，从列表中选择"插入工作表"选项❷，如图 5-9 所示。

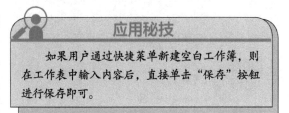

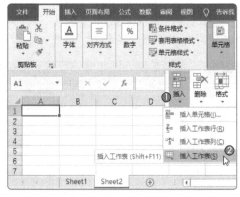

图5-9

STEP 2 删除工作表。在需要删除的工作表上右击，从弹出的快捷菜单中选择"删除"命令，如图 5-10 所示。或者在"开始"选项卡的"单元格"选项组中单击"删除"下拉按钮❶，从列表中选择"删除工作表"选项❷，如图 5-11 所示。

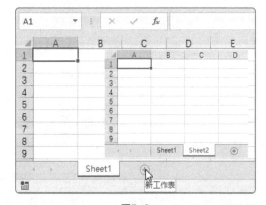

图5-8

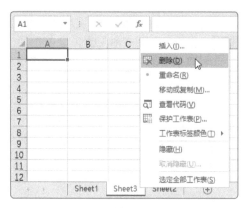

图5-10

图5-11

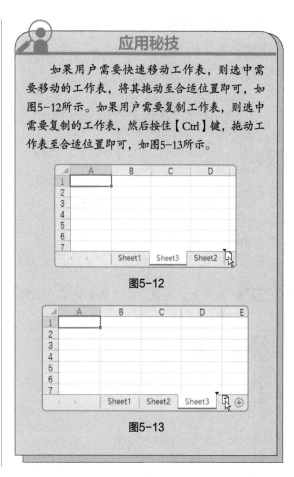

应用秘技

　　如果用户需要快速移动工作表，则选中需要移动的工作表，将其拖动至合适位置即可，如图5-12所示。如果用户需要复制工作表，则选中需要复制的工作表，然后按住【Ctrl】键，拖动工作表至合适位置即可，如图5-13所示。

图5-12

图5-13

4. 重命名工作表

STEP 1 在工作表标签上双击，或在工作表上右击，在弹出的快捷菜单中选择"重命名"命令，如图 5-14 所示。

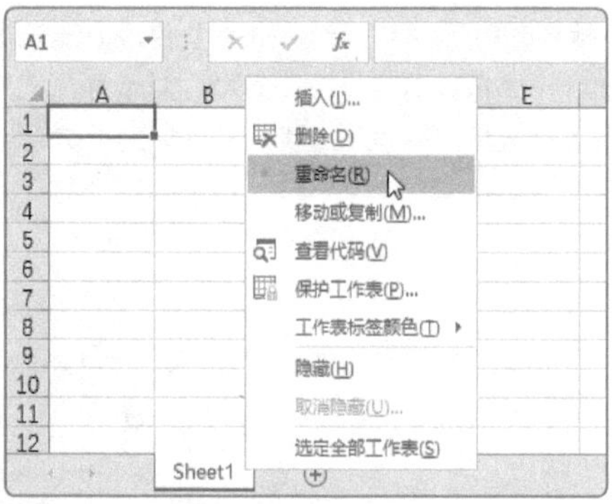

STEP 2 工作表标签处于可编辑状态，输入名称，如图 5-15 所示。输入完成后，单击工作表中任意单元格或者按【Enter】键确认即可。

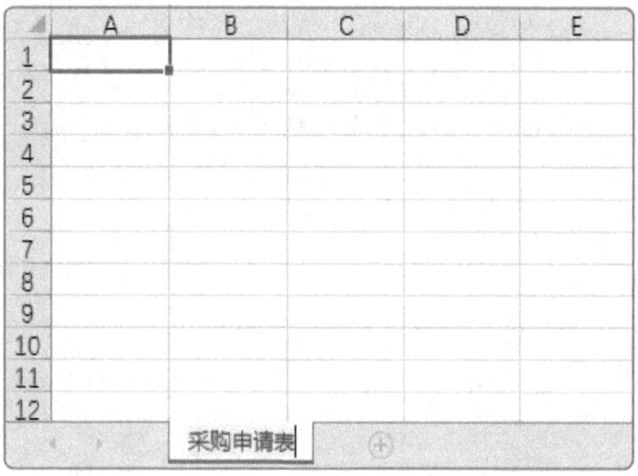

图5-14

图5-15

5.1.2 编辑表格内容

用户在工作表中可以进行各种编辑操作，下面将进行详细介绍。

微课视频

1. 输入表格内容

STEP 1 选中 A1 单元格，输入内容，按【→】键，跳转到 B1 单元格，继续输入相关内容，如图 5-16 所示。

图5-16

STEP 2 按照上述方法，完成标题的输入，如图 5-17 所示。

图5-17

STEP 3 选中 A2 单元格，输入申请部门，按【Enter】键确认，跳转到 A3 单元格，继续输入申请部门，如图 5-18 所示。

图5-18

STEP 4 按照上述方法，完成所有内容的输入，如图 5-19 所示。

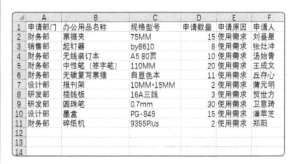

图5-19

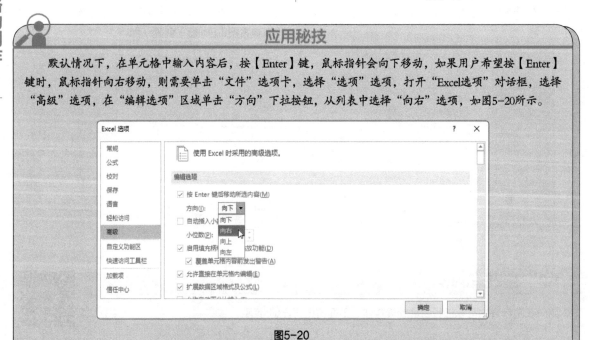

应用秘技

默认情况下，在单元格中输入内容后，按【Enter】键，鼠标指针会向下移动，如果用户希望按【Enter】键时，鼠标指针向右移动，则需要单击"文件"选项卡，选择"选项"选项，打开"Excel选项"对话框，选择"高级"选项，在"编辑选项"区域单击"方向"下拉按钮，从列表中选择"向右"选项，如图5-20所示。

图5-20

2. 设置表格字体格式

STEP 1 选中列标题 A1:F1 单元格区域，在"开始"选项卡中，将"字体"设置为"微软雅黑"，将"字号"设置为"12"，加粗显示，如图 5-21 所示。

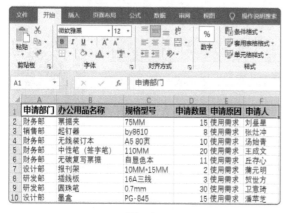

图5-21

STEP 2 选中 A2:F11 单元格区域，将"字体"设置为"等线"，将"字号"设置为"12"，如图 5-22 所示。

STEP 3 选中 A1:F11 单元格区域，在"开始"选项卡中单击"对齐方式"选项组的"居中"按钮，将文本设置为居中对齐，如图 5-23 所示。

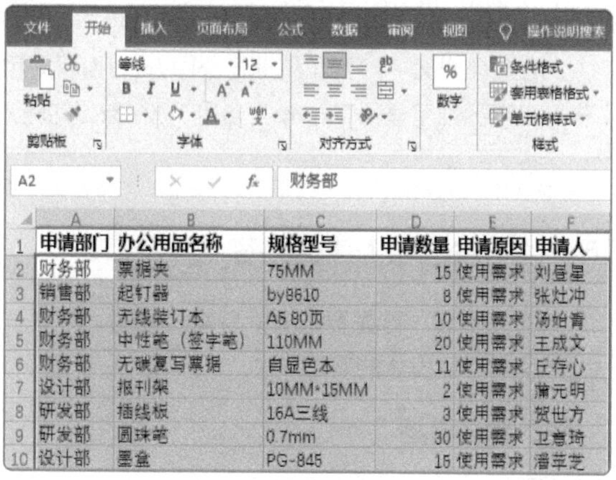

图5-22

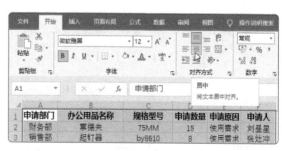

图5-23

3. 添加表格边框

STEP 1 选中 A1:F11 单元格区域，在"开始"选项卡中单击"边框"下拉按钮，从列表中选择"所有框线"选项，如图 5-24 所示。

图5-24

STEP 2 操作完成后即可快速为表格添加边框，如图 5-25 所示。

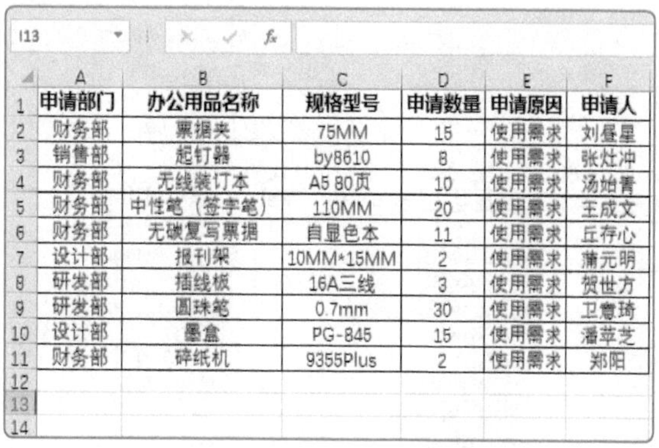

图5-25

5.2 制作办公用品领用登记表

在日常办公中，为了统计各部门办公用品领用情况，通常需要制作办公用品领用登记表。下面将以制作办公用品领用登记表为例，向用户介绍数据的输入技巧以及表格的美化操作。

5.2.1 快速输入表格内容

微课视频

打开工作表，首先要做的就是输入数据，而对于不同类型的数据，应采取不用的输入方法。下面将介绍具体的操作方法。

1. 输入日期

STEP 1 打开"办公用品领用登记表"工作表，输入列标题，如图 5-26 所示。

图5-26

STEP 2 在 B 列中输入日期，然后选中 B2:B11 单元格区域，在"开始"选项卡中单击"数字格式"下拉按钮❶，从列表中选择"长日期"选项❷，如图 5-27 所示。

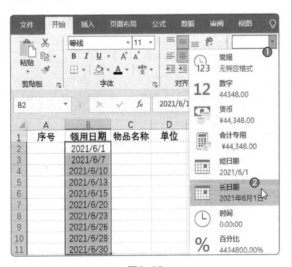

图5-27

STEP 3 操作完成后，即可更改日期的显示格式，如图 5-28 所示。

图5-28

应用秘技

选中日期后，按【Ctrl+1】组合键，打开"设置单元格格式"对话框，在"数字"选项卡中选择"日期"选项，在"类型"列表框中可以设置日期的显示类型，如图5-29所示。

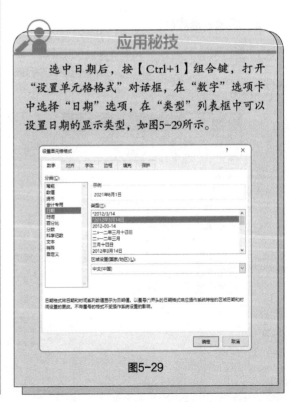

图5-29

第5章 Excel 电子表格的制作

2. 输入相同数据

（1）在连续单元格中输入

STEP 1 选中 D7 单元格，输入单位"个"，然后选中 D7:D11 单元格区域，如图 5-30 所示。

	B	C	D	E
1	领用日期	物品名称	单位	领用数量
2	2021年6月1日	扫描仪		
3	2021年6月7日	A4纸	包	
4	2021年6月10日	打印机		
5	2021年6月13日	中性笔	支	
6	2021年6月15日	碎纸机		
7	2021年6月20日	文件夹	个	
8	2021年6月23日	起钉器		
9	2021年6月26日	墨盒		
10	2021年6月28日	笔筒		
11	2021年6月30日	订书机		

图5-30

STEP 2 按【Ctrl+D】组合键，即可输入相同数据，如图 5-31 所示。

	B	C	D	E
1	领用日期	物品名称	单位	领用数量
2	2021年6月1日	扫描仪		
3	2021年6月7日	A4纸	包	
4	2021年6月10日	打印机		
5	2021年6月13日	中性笔	支	
6	2021年6月15日	碎纸机		
7	2021年6月20日	文件夹	个	
8	2021年6月23日	起钉器	个	
9	2021年6月26日	墨盒	个	
10	2021年6月28日	笔筒	个	
11	2021年6月30日	订书机	个	

图5-31

（2）在不连续单元格中输入

STEP 1 选中 D 列，在"开始"选项卡中单击"查找和选择"下拉按钮❶，从列表中选择"定位条件"选项❷，如图 5-34 所示。

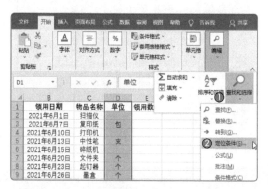

图5-34

STEP 2 打开"定位条件"对话框，选中"空值"单选按钮，单击"确定"按钮，如图 5-35 所示。此时 D 列中的空单元格被选中。

或者选中D7单元格，将鼠标指针移至单元格右下角，当鼠标指针变为十字形时，（如图5-32所示），向下拖动，即可填充相同数据，如图5-33所示。

	B	C	D	E
1	领用日期	物品名称	单位	领用数量
2	2021年6月1日	扫描仪		
3	2021年6月7日	A4纸	包	
4	2021年6月10日	打印机		
5	2021年6月13日	中性笔	支	
6	2021年6月15日	碎纸机		
7	2021年6月20日	文件夹	个	
8	2021年6月23日	起钉器		
9	2021年6月26日	墨盒		
10	2021年6月28日	笔筒		
11	2021年6月30日	订书机		

图5-32

	B	C	D	E
1	领用日期	物品名称	单位	领用数量
2	2021年6月1日	扫描仪		
3	2021年6月7日	A4纸	包	
4	2021年6月10日	打印机		
5	2021年6月13日	中性笔	支	
6	2021年6月15日	碎纸机		
7	2021年6月20日	文件夹	个	
8	2021年6月23日	起钉器	个	
9	2021年6月26日	墨盒	个	
10	2021年6月28日	笔筒	个	
11	2021年6月30日	订书机	个	

图5-33

图5-35

STEP 3 将鼠标指针放置在编辑栏，输入单位"台"，如图 5-36 所示。

STEP 4 按【Ctrl+Enter】组合键，即可在空单元格中输入相同内容"台"，如图 5-37 所示。

图5-36

图5-37

3. 输入有序数据

STEP 1 选中 A2 单元格，输入"1"，将鼠标指针移至该单元格右下角，当鼠标指针变为十字形时，向下拖动，进行填充，如图 5-38 所示。

图5-38

STEP 2 单击弹出的"自动填充选项"按钮①，选中"填充序列"单选按钮②，如图 5-39 所示。

图5-39

STEP 3 操作完成后即可快速输入有序数据，如图 5-40 所示。

图5-40

或者在A2单元格中输入"1"，在A3单元格中输入"2"，选中A2:A3单元格区域，将鼠标指针移至单元格右下角，当鼠标指针变为十字形时，向下拖动，如图5-41所示。操作完成后即可输入有序数据。

图5-41

应用秘技

用户可以通过"序列"对话框，输入有序数据。具体操作如下。在"开始"选项卡的"编辑"选项组中单击"填充"下拉按钮，从列表中选择"序列"选项，打开"序列"对话框，从中设置序列的类型、步长值、终止值等，单击"确定"按钮，如图5-42所示。设置后的结果如图5-43所示。

第5章 Excel 电子表格的制作

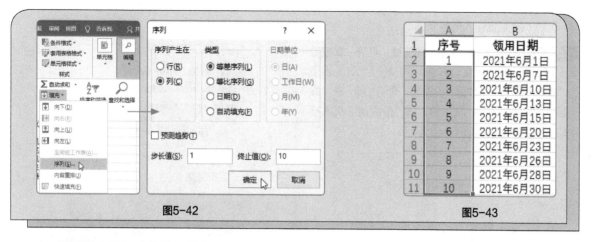

图5-42 | 图5-43

4. 使用数据验证功能输入数据

（1）通过列表输入

STEP 1 选中 F2:F11 单元格区域，在"数据"选项卡的"数据工具"选项组中单击"数据验证"按钮，如图 5-44 所示。

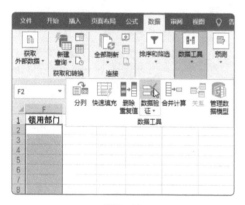

图5-44

STEP 2 打开"数据验证"对话框，在"设置"选项卡中，将"允许"设置为"序列"❶，在"来源"文本框中输入"财务部,销售部,研发部,设计部"❷，单击"确定"按钮❸，如图 5-45 所示。

图5-45

STEP 3 选中 F2 单元格，单击其右侧下拉按钮，从列表中选择需要的选项，如图 5-46 所示。

	F	G	H	I
1	领用部门	领用人	备注	
2				
3	财务部			
4	销售部			
5	研发部			
6	设计部			
7				
8				
9				

图5-46

STEP 4 操作完成后即可输入相关内容。按照同样的方法，完成"领用部门"内容的输入，如图 5-47 所示。

	D	E	F	G	H
1	单位	领用数量	领用部门	领用人	备注
2	台		财务部		
3	包		销售部		
4	台		财务部		
5	支		研发部		
6	台		设计部		
7	个		财务部		
8	个		销售部		
9	个		销售部		
10	个		设计部		
11	个		设计部		

图5-47

（2）限制数据输入范围

STEP 1 选中 E2:E11 单元格区域，打开"数据验证"对话框，在"设置"选项卡中，将"允许"设置为"整数"❶，将"数据"设置为"介于"❷，在"最小值"文本框中输入"0"❸，在"最大值"文本框中输入"20"❹，如图 5-48 所示。

图5-48

STEP 2 单击"出错警告"选项卡，将"样式"设置为"停止"❶，在"标题"文本框中输入"输入错误！！"❷，在"错误信息"文本框中输入"请输入0~20的整数！"❸，单击"确定"按钮❹，如图 5-49 所示。

STEP 3 在 E 列中输入领用数量，当输入的数据不符合要求时，会弹出出错警告，如图 5-50 所示。

STEP 4 单击"重试"按钮，重新输入数据，完成"领用数量"内容的输入，如图 5-51 所示。

图5-49

图5-50

	D	E	F	G	H
1	单位	领用数量	领用部门	领用人	备注
2	台	1	财务部		
3	包	2	销售部		
4	台	1	财务部		
5	支	20	研发部		
6	台	2	设计部		
7	个	6	财务部		
8	个	3	销售部		
9	个	5	销售部		
10	个	3	设计部		
11	个	10	设计部		

图5-51

5.2.2 编辑表格内容

在庞大的数据中查找某个具体的数据时，使用Excel的查找与替换功能，可以大大提高工作效率。下面将介绍具体的操作方法。

1. 查找数据

STEP 1 在"开始"选项卡的"编辑"选项组中单击"查找和选择"下拉按钮❶，从列表中选择"查找"选项❷，如图 5-52 所示。

STEP 2 打开"查找和替换"对话框，在"查找内容"文本框中输入"文件夹"，单击"查找全部"按钮，即可在下方的状态栏中显示查找到的记录，如图 5-53 所示。若选中任意一条查找记录，则会在工作表中选

中相关的单元格。

应用秘技

除了利用功能区命令打开"查找和替换"对话框，用户还可以按【Ctrl+F】或者【Shift+F5】组合键打开"查找和替换"对话框。

微课视频

图5-52

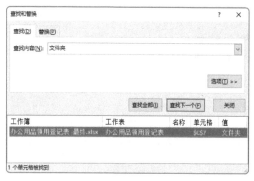

图5-53

2. 替换数据

STEP 1 在"开始"选项卡的"编辑"选项组中单击"查找和选择"下拉按钮❶,从列表中选择"替换"选项❷,如图 5-54 所示。

图5-54

STEP 2 打开"查找和替换"对话框,在"查找内容"文本框中输入"A4 纸",在"替换为"文本框中输入"复印纸",单击"查找下一个"按钮,如图 5-55 所示。

图5-55

3. 模糊查找

STEP 1 按【Ctrl+F】组合键,打开"查找和替换"对话框,在"查找内容"文本框中输入"刘 *",单击"查找全部"按钮,如图 5-58 所示。

STEP 3 操作完成后即可自动查找下一个符合查找条件的单元格。查找到符合条件的内容后,单击"替换"按钮,如图 5-56 所示。

图5-56

STEP 4 若单击"全部替换"按钮,则工作表中所有符合条件的内容都会被替换,并弹出替换完成的提示信息,单击"确定"按钮即可,如图 5-57 所示。

图5-57

STEP 2 操作完成后即可查找到姓"刘"的记录,如图 5-59 所示。

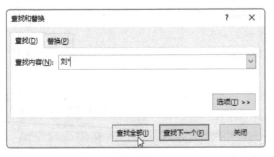

图5-58

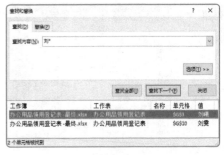

图5-59

应用秘技

Excel的通配符包括"？"和"＊"两种，在使用时均为半角状态。"？"代替任意一个字符；"＊"代替任意数目的字符，可以是单个字符，也可以是多个字符。当需要查找"？"和"＊"字符本身时，不可以直接输入该字符，而要在其前面输入波浪符号"～"，例如"～？""～＊"。

5.2.3 美化表格

制作好表格后，为了使表格看起来更美观，更容易查看，需要对表格进行美化。下面将介绍具体的操作方法。

1. 设置表格边框和底纹

STEP 1 选中 A1:H11 单元格区域，按【Ctrl+1】组合键，打开"设置单元格格式"对话框，在"边框"选项卡中选择合适的直线样式①和颜色②，并单击"内部"③和"外边框"按钮④，单击"确定"按钮⑤，如图 5-60 所示。操作完成后即可为表格添加内边框和外边框。

STEP 2 选中 A1:H1 单元格区域，在"开始"选项卡中单击"填充颜色"下拉按钮①，从列表中选择合适的颜色②，如图 5-61 所示。操作完成后即可为所选单元格区域设置底纹颜色。

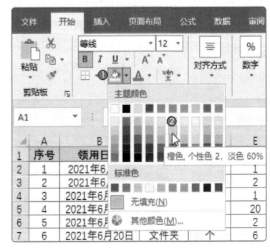

图5-61

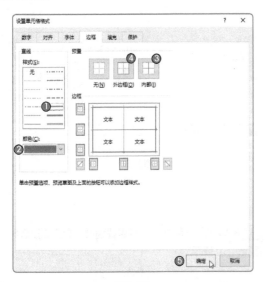

图5-60

应用秘技

　　用户可以为表格套用样式，快速美化表格。具体操作如下。选中A1:H11单元格区域，在"开始"选项卡中单击"套用表格格式"下拉按钮①，从列表中选择合适的样式②，打开"套用表格式"对话框，单击"确定"按钮③，如图5-62所示。操作完成后即可为表格套用所选样式。为表格套用样式后，系统自动将单元格区域转换为筛选表格的样式，如图5-63所示。

图5-62

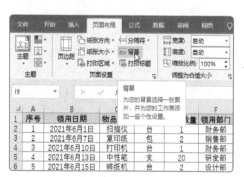

图5-63

2. 为表格添加背景图片

STEP 1 　在"页面布局"选项卡中单击"背景"按钮，如图5-64所示。

图5-64

STEP 2 　打开"插入图片"对话框，单击"从文件"右侧的"浏览"按钮，如图5-65所示。

图5-65

STEP 3 　打开"工作表背景"对话框，选择要插入的背景图片，单击"插入"按钮，如图5-66所示。

图5-66

STEP 4 　操作完成后即可为工作表添加背景图片，如图5-67所示。

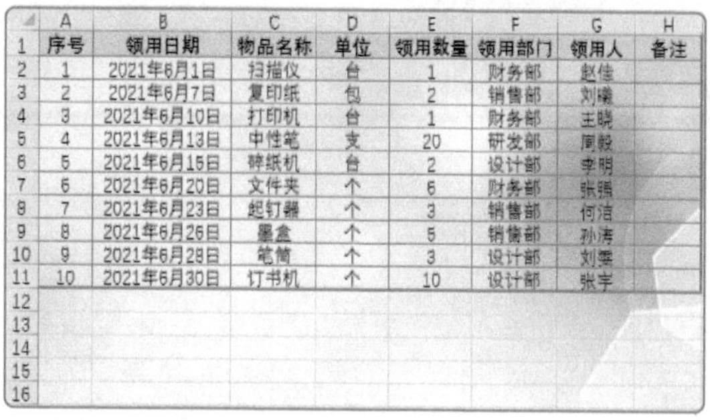

图5-67

第 **5** 章 Excel电子表格的制作

疑难解答

Q：如何隐藏/显示工作表？

A：选中需要隐藏的工作表，右击，从弹出的快捷菜单中选择"隐藏"命令，如图5-68所示。操作完成后即可隐藏所选工作表。如果想要将隐藏的工作表显示出来，则在任意一个工作表上右击，从弹出的快捷菜单中选择"取消隐藏"命令，打开"取消隐藏"对话框，选择需要显示的工作表，单击"确定"按钮即可，如图5-69所示。

图5-68

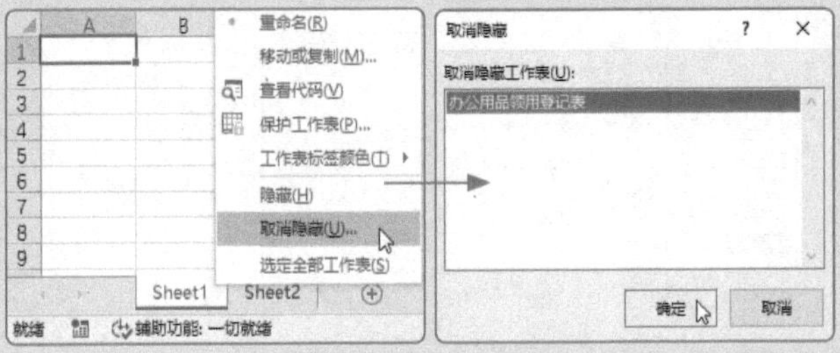

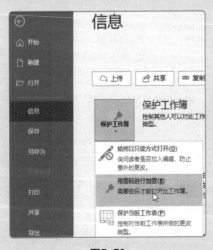

图5-69

Q：如何保护工作簿？

A：单击"文件"选项卡，选择"信息"选项，在"信息"界面中单击"保护工作簿"下拉按钮，从列表中选择"用密码进行加密"选项，如图5-70所示。打开"加密文档"对话框，在"密码"文本框中输入密码（123），单击"确定"按钮，如图5-71所示。在弹出"确认密码"对话框中重新输入密码，单击"确定"按钮，如图5-72所示。保存工作簿后，用户再次打开该工作簿，会打开一个"密码"对话框，只有输入正确的密码，才能打开该工作簿。

图5-71

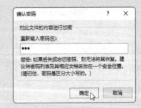

图5-72

图5-70

第6章

公式与函数的应用

在 Excel 中，公式和函数起到了非常重要的作用。使用公式与函数，可以快速地计算出需要的结果，从而简化手动计算的步骤，提高工作效率。本章将以案例的形式，向用户介绍公式与函数的应用。

6.1 制作员工信息表

员工信息表中记录了员工的出生日期、年龄、工龄、身份证号码、手机号码等，下面将介绍如何制作员工信息表。

6.1.1 提取性别

微课视频

用户可以通过IF、MOD和MID函数的嵌套使用，从身份证号码中提取性别，下面将进行详细介绍。

1. IF函数

IF函数用于执行真假值判断，根据逻辑测试值返回不同的结果。

语法：=IF(测试条件,真值,[假值])。

说明如下。

● 测试条件：计算结果可判断为TRUE或FALSE的数值或表达式。

● 真值：当测试条件为TRUE时的返回值。

● 假值：当测试条件为FALSE时的返回值。如果忽略，则返回FALSE。

2. MOD函数

MOD函数用于求两数相除的余数。

语法：=MOD(数值,除数)。

说明如下。

● 数值：被除数。

● 除数：除数。

3. MID函数

MID函数用于从任意位置提取指定数量的字符。

语法：=MID(字符串,开始位置,字符个数)。

说明如下。

● 字符串：准备从中提取字符串的文本字符串。

● 开始位置：准备提取的第一个字符的位置。

● 字符个数：指定所要提取的字符串长度。

4. 根据身份证号码提取性别

STEP 1 打开"员工信息表"工作表，选中E2单元格，输入公式"=IF(MOD(MID(J2,17,1),2)=1,"男","女")"，如图6-1所示。

STEP 2 按【Enter】键确认，即可提取出性别，如图6-2所示。

STEP 3 将鼠标指针移至E2单元格的右下角，当鼠标指针变为十字形时，向下拖动，填充公式，提取其他员工的性别，如图6-3所示。

 应用秘技

上述公式使用MID函数查找出身份证号码的第17位数字，然后用MOD函数将查找到的数字与2相除得到余数，最后用IF函数进行判断，并返回判断结果。当第17位数与2相除的余数等于1时，说明该数为奇数，返回"男"，否则返回"女"。

第6章 公式与函数的应用

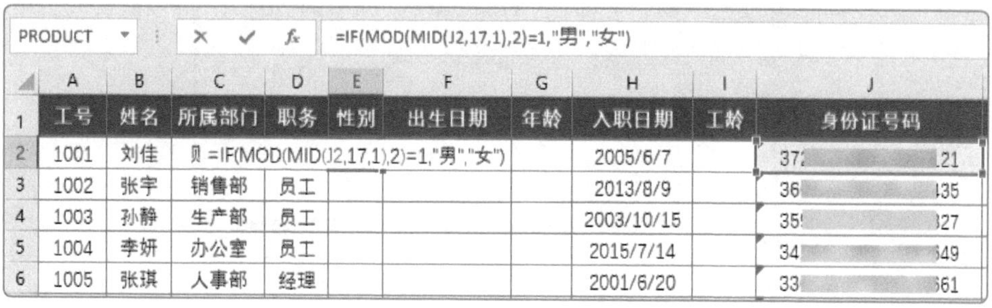

图6-1

图6-2

图6-3

6.1.2 提取出生日期

用户可以通过TEXT和MID函数的嵌套使用，从身份证号码中提取出生日期，下面将进行详细介绍。

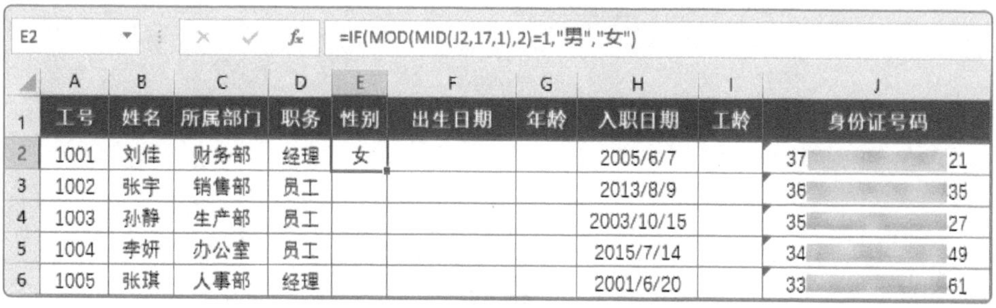

1. TEXT函数

TEXT函数用于将数值转换为指定格式的文本。

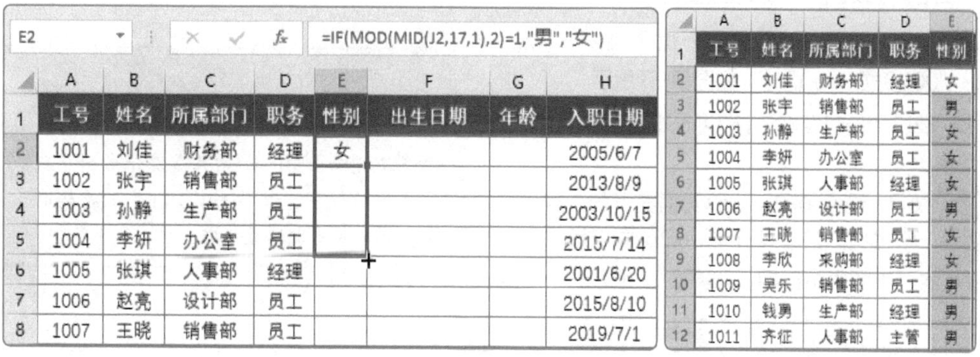

语法：=TEXT(值,数值格式)。

说明如下。

● 值：数值、能够返回数值的公式，或者对数值单元格的引用。

● 数值格式：文字形式的数字格式，在"设置单元格格式"对话框中"数字"选项卡的"类型"列表框中设置，如图6-4所示。

微课视频

图6-4

2. 根据身份证号码提取出生日期

STEP 1 选中 F2 单元格，输入公式 "=TEXT(MID(J2,7,8),"0000-00-00")"，如图 6-5 所示。

STEP 2 按【Enter】键确认，即可提取出出生日期，如图 6-6 所示。

STEP 3 将鼠标指针移至 F2 单元格右下角，当鼠标指针变为十字形时，双击单元格，即可向下填充公式，提取其他员工的出生日期，如图 6-7 所示。

应用秘技

身份证号码的第7~14位数字是出生日期。上述公式使用MID函数从身份证号码中提取出代表生日的数字，然后用TEXT函数将提取出的数字以指定的文本格式返回。

SUM			×	✓	fx	=TEXT(MID(J2,7,8),"0000-00-00")			
	A	B	C	D	E	F	G	H	I	J
1	工号	姓名	所属部门	职务	性别	出生日期	年龄	入职日期	工龄	身份证号码
2	1001	刘佳	财务部			=TEXT(MID(J2,7,8),"0000-00-00")		i/6/7		37****19851008****
3	1002	张宇	销售部	员工	男			2013/8/9		36****19910612****
4	1003	孙静	生产部	员工	女			2003/10/15		35****19790430****
5	1004	李妍	办公室	员工	女			2015/7/14		34****19891209****
6	1005	张琪	人事部	经理	女			2001/6/20		33****19780910****

图6-5

F2			×	✓	fx	=TEXT(MID(J2,7,8),"0000-00-00")			
	A	B	C	D	E	F	G	H	I	J
1	工号	姓名	所属部门	职务	性别	出生日期	年龄	入职日期	工龄	身份证号码
2	1001	刘佳	财务部	经理	女	1985-10-08		2005/6/7		37****19851008****
3	1002	张宇	销售部	员工	男			2013/8/9		36****19910612****
4	1003	孙静	生产部	员工	女			2003/10/15		35****19790430****
5	1004	李妍	办公室	员工	女			2015/7/14		34****19891209****
6	1005	张琪	人事部	经理	女			2001/6/20		33****19780910****

图6-6

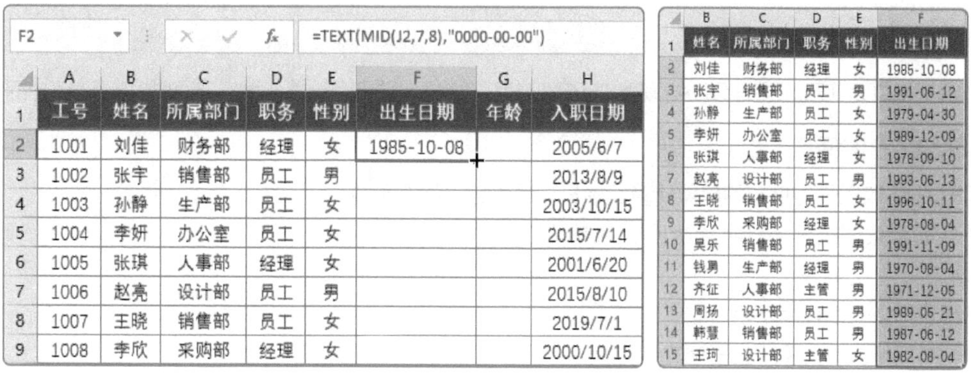

图6-7

6.1.3 计算年龄

用户可以通过YEAR和TODAY函数的嵌套使用，根据出生日期计算年龄，下面将进行详细介绍。

1. YEAR函数

YEAR函数用于返回某个日期对应的年份。

语法：=YEAR(日期序号)。

说明：日期序号为一个日期值，其中包含要查找的年份。日期有多种输入方式：带引号的文本串（例如 "2021/05/30"）、系列数（例如，如果使用1900日期系统则35825表示1998年1月30日）或其他公式、函数的结果。

2. TODAY函数

TODAY函数用于返回当前日期。

语法：=TODAY()。

说明：该函数不需要参数。

3. 根据出生日期计算年龄

STEP 1 选中 G2 单元格，输入公式"=YEAR (TODAY())-YEAR(F2)"，如图 6-8 所示。

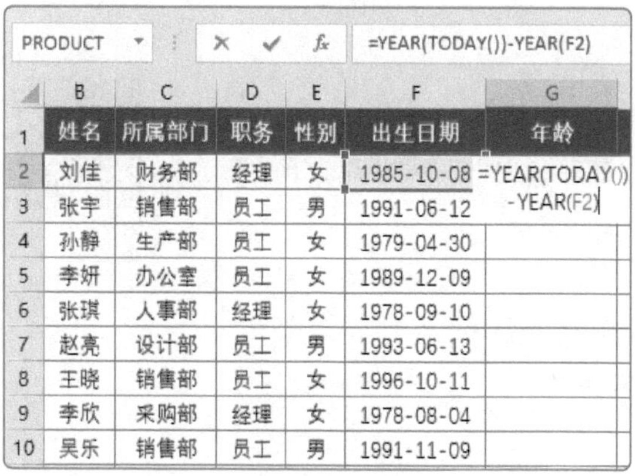

图6-8

STEP 2 按【Enter】键确认，计算出年龄（本例以 2022 年进行计算），并将公式向下填充，效果如图 6-9 所示。

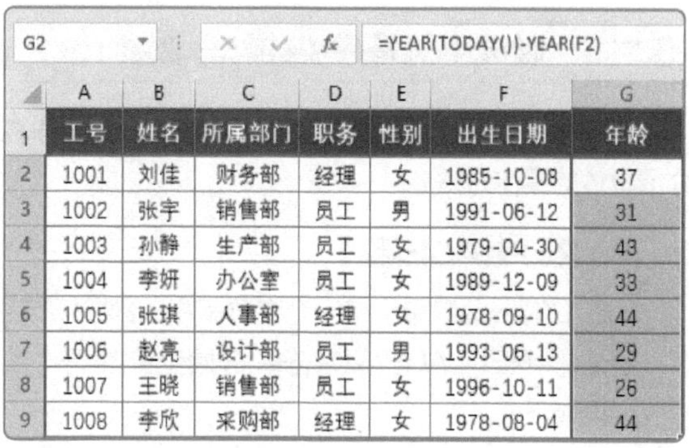

图6-9

6.1.4 计算工龄

用户可以通过DATEDIF和TODAY函数的嵌套使用，根据入职日期计算工龄，下面将进行详细介绍。

1. DATEDIF函数

DATEDIF函数用于用指定的单位计算起始日和结束日之间的天数。

语法：=DATEDIF(开始日期,终止日期,比较单位)。

说明如下。

● 开始日期：一串代表起始日期的字符串。

● 终止日期：一串代表终止日期的字符串。

● 比较单位：所需信息的返回类型，如表6-1所示。

表6-1

比较单位	函数返回值
"Y"	返回两个日期值间隔的整年数
"M"	返回两个日期值间隔的整月数
"D"	返回两个日期值间隔的天数
"MD"	返回两个日期值间隔的天数（忽略日期中的年和月）
"YM"	返回两个日期值间隔的月数（忽略日期中的年和日）
"YD"	返回两个日期值间隔的天数（忽略日期中的年）

2. 根据入职日期计算工龄

STEP 1 选择 I2 单元格，输入公式 "=DATEDIF(H2,TODAY(),"Y")"，如图 6-10 所示。

STEP 2 按【Enter】键确认，计算出工龄（本例是以 2022 年 7 月 22 日进行计算），并将公式向下填充，效果如图 6-11 所示。

图6-10

图6-11

6.1.5 隐藏手机号码中的部分数字

用户可以使用REPLACE函数，隐藏手机号码中的部分数字，以保护隐私信息。下面将介绍具体的操作方法。

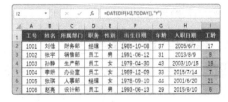

1. REPLACE函数

REPLACE函数用于将一个字符串中的部分字符用另一个字符串替换。

语法：=REPLACE(原字符串,开始位置,字符个数,新字符串)。

说明如下。

● 原字符串：要进行字符串替换的文本。

● 开始位置：要在原字符串中开始替换的位置。

● 字符个数：要从原字符串中替换的字符个数。

● 新字符串：用来对原字符串中指定字符串进行替换的字符串。

2. 制作保密电话

STEP 1 选中 L2 单元格，在"公式"选项卡中单击"插入函数"按钮，如图 6-12 所示。

图6-12

STEP 2 打开"插入函数"对话框，在"或选择类别"列表中选择"文本"选项，在"选择函数"列表框中选择"REPLACE 函数"，单击"确定"按钮，如图 6-13 所示。

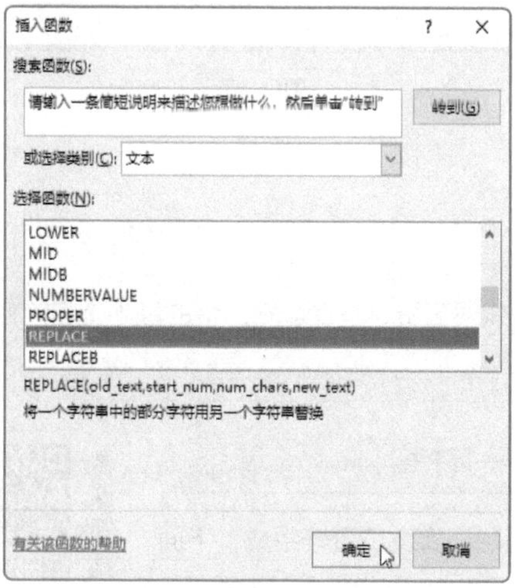

图6-13

STEP 3 打开"函数参数"对话框，设置各参数，单击"确定"按钮，如图 6-14 所示。

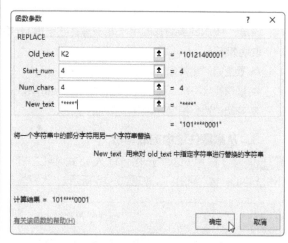

图6-14

STEP 4 操作完成后即可将手机号码中的部分数字隐藏，将公式向下填充，效果如图 6-15 所示。

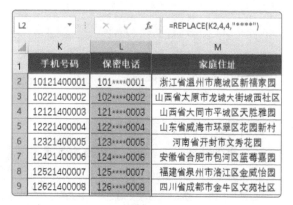

图6-15

6.1.6 提取省份

用户可以通过LEFT和FIND函数的嵌套使用，从家庭住址中提取省份，下面将进行详细介绍。

1. LEFT函数

LEFT函数用于从字符串的左侧开始提取指定个数的字符。

语法：=LEFT(字符串,[字符个数])。

说明如下。

● 字符串：要提取字符的字符串。

● 字符个数：要提取的字符个数。如果忽略，为1。

2. FIND函数

FIND函数用于返回一个字符串出现在另一个字符串中的起始位置。

语法：=FIND(要查找的字符串,被查找字符串,[开始位置])。

说明如下。

● 要查找的字符串：需要查找的字符串。

● 被查找字符串：要在其中进行搜索的字符串。

● 开始位置：指定开始进行查找的字符。

3. 从家庭住址中提取省份

STEP 1 选中 N2 单元格，输入公式“=LEFT(M2,FIND("省",M2))”，如图 6-16 所示。

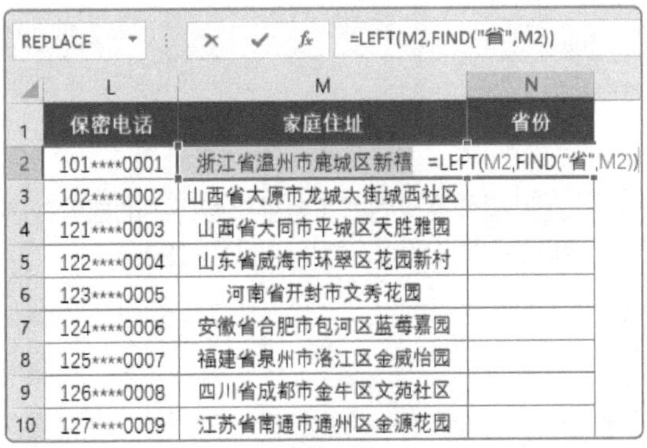
REPLACE　=LEFT(M2,FIND("省",M2))

	L	M	N
1	保密电话	家庭住址	省份
2	101****0001	浙江省温州市鹿城区新禧	=LEFT(M2,FIND("省",M2))
3	102****0002	山西省太原市龙城大街城西社区	
4	121****0003	山西省大同市平城区天胜雅园	
5	122****0004	山东省威海市环翠区花园新村	
6	123****0005	河南省开封市文秀花园	
7	124****0006	安徽省合肥市包河区蓝莓嘉园	
8	125****0007	福建省泉州市洛江区金威怡园	
9	126****0008	四川省成都市金牛区文苑社区	
10	127****0009	江苏省南通市通州区金源花园	

图6-16

STEP 2 按【Enter】键确认，提取出省份，并将公式向下填充，将其他省份提取出来，如图 6-17 所示。

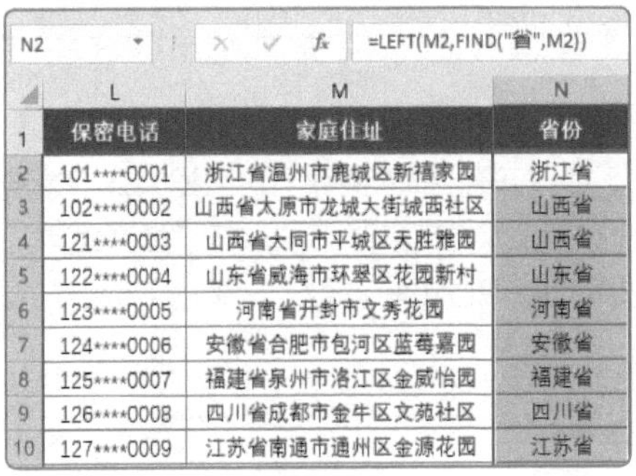
N2　=LEFT(M2,FIND("省",M2))

	L	M	N
1	保密电话	家庭住址	省份
2	101****0001	浙江省温州市鹿城区新禧家园	浙江省
3	102****0002	山西省太原市龙城大街城西社区	山西省
4	121****0003	山西省大同市平城区天胜雅园	山西省
5	122****0004	山东省威海市环翠区花园新村	山东省
6	123****0005	河南省开封市文秀花园	河南省
7	124****0006	安徽省合肥市包河区蓝莓嘉园	安徽省
8	125****0007	福建省泉州市洛江区金威怡园	福建省
9	126****0008	四川省成都市金牛区文苑社区	四川省
10	127****0009	江苏省南通市通州区金源花园	江苏省

图6-17

6.2 制作员工工资表

月末会计人员会制作员工工资表来统计员工工资，员工的实发工资，是在应发工资的基础上扣除各种保险费用和个人所得税等后的余额。下面将介绍具体的操作方法。

6.2.1 计算工资数据

微课视频

一般情况下，员工工资表由基本工资、应发工资、个人所得税、实发工资等组成，下面将介绍如何计算相关数据。

1. 计算应发工资

STEP 1 选中 H2 单元格，输入公式“=D2+E2+F2+G2”，如图 6-18 所示。

STEP 2 按【Enter】键确认，计算出应发工资，并将公式向下填充，效果如图 6-19 所示。

应用秘技

应发工资除利用单元格引用方法进行计算外，还可以利用SUM函数来计算。在H2单元格中输入“=SUM(D2:G2)”，按【Enter】键即可得出结果。在计算数据比较多的情况下，可使用该方法。

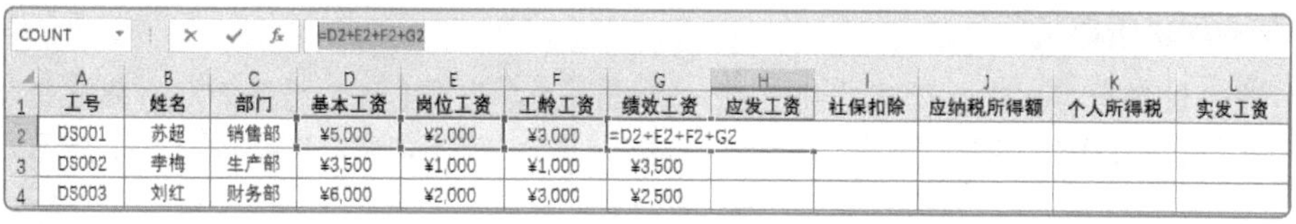

图6-18

工号	姓名	部门	基本工资	岗位工资	工龄工资	绩效工资	应发工资	社保扣除	应纳税所得额	个人所得税	实发工资
DS001	苏超	销售部	¥5,000	¥2,000	¥3,000	=D2+E2+F2+G2					
DS002	李梅	生产部	¥3,500	¥1,000	¥1,000	¥3,500					
DS003	刘红	财务部	¥6,000	¥2,000	¥3,000	¥2,500					

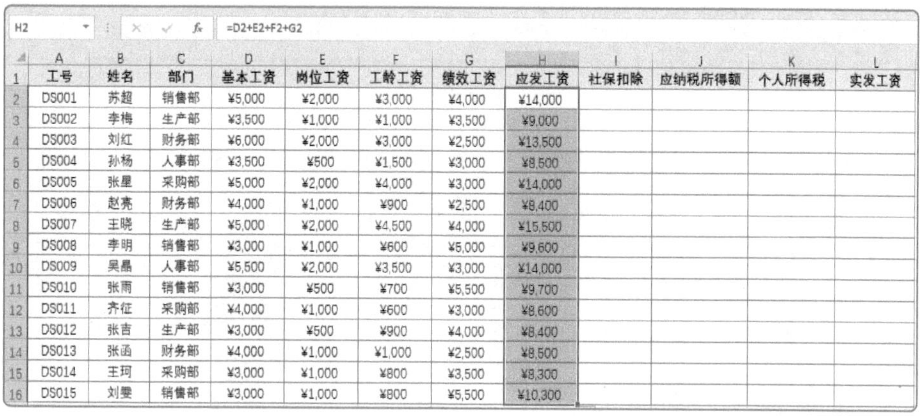

H2 =D2+E2+F2+G2

工号	姓名	部门	基本工资	岗位工资	工龄工资	绩效工资	应发工资	社保扣除	应纳税所得额	个人所得税	实发工资
DS001	苏超	销售部	¥5,000	¥2,000	¥3,000	¥4,000	¥14,000				
DS002	李梅	生产部	¥3,500	¥1,000	¥1,000	¥3,500	¥9,000				
DS003	刘红	财务部	¥6,000	¥2,000	¥3,000	¥2,500	¥13,500				
DS004	孙杨	人事部	¥3,500	¥500	¥1,500	¥3,000	¥8,500				
DS005	张星	采购部	¥5,000	¥2,000	¥4,000	¥3,000	¥14,000				
DS006	赵亮	财务部	¥4,000	¥1,000	¥900	¥2,500	¥8,400				
DS007	王晓	生产部	¥5,000	¥2,000	¥4,500	¥4,000	¥15,500				
DS008	李明	销售部	¥3,000	¥1,000	¥600	¥5,000	¥9,600				
DS009	吴晶	人事部	¥5,500	¥2,000	¥3,500	¥3,000	¥14,000				
DS010	张雨	销售部	¥3,000	¥500	¥700	¥5,500	¥9,700				
DS011	齐征	采购部	¥4,000	¥1,000	¥600	¥3,000	¥8,600				
DS012	张吉	生产部	¥3,000	¥500	¥900	¥4,000	¥8,400				
DS013	张函	财务部	¥4,000	¥1,000	¥1,000	¥2,500	¥8,500				
DS014	王珂	采购部	¥3,000	¥1,000	¥800	¥3,500	¥8,300				
DS015	刘雯	销售部	¥3,000	¥1,000	¥800	¥5,500	¥10,300				

图6-19

2. 计算社保扣除

STEP 1 选中I2单元格，输入公式"=H2*10.5%"，其中10.5%即个人缴费比例之和，如图6-20所示。

STEP 2 按【Enter】键确认，计算社保扣除，并将公式向下填充，效果如图6-21所示。

应用秘技

养老保险个人缴费比例为8%，医疗保险个人缴费比例为2%，失业保险个人缴费比例为0.5%。

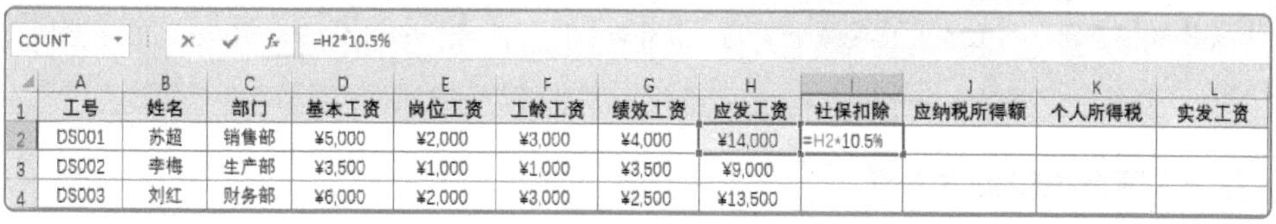

COUNT =H2*10.5%

工号	姓名	部门	基本工资	岗位工资	工龄工资	绩效工资	应发工资	社保扣除	应纳税所得额	个人所得税	实发工资
DS001	苏超	销售部	¥5,000	¥2,000	¥3,000	¥4,000	¥14,000	=H2*10.5%			
DS002	李梅	生产部	¥3,500	¥1,000	¥1,000	¥3,500	¥9,000				
DS003	刘红	财务部	¥6,000	¥2,000	¥3,000	¥2,500	¥13,500				

图6-20

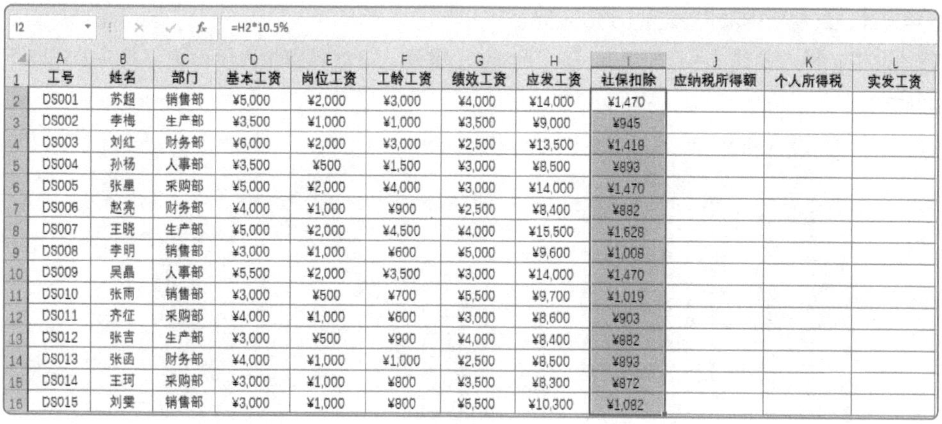

I2 =H2*10.5%

工号	姓名	部门	基本工资	岗位工资	工龄工资	绩效工资	应发工资	社保扣除	应纳税所得额	个人所得税	实发工资
DS001	苏超	销售部	¥5,000	¥2,000	¥3,000	¥4,000	¥14,000	¥1,470			
DS002	李梅	生产部	¥3,500	¥1,000	¥1,000	¥3,500	¥9,000	¥945			
DS003	刘红	财务部	¥6,000	¥2,000	¥3,000	¥2,500	¥13,500	¥1,418			
DS004	孙杨	人事部	¥3,500	¥500	¥1,500	¥3,000	¥8,500	¥893			
DS005	张星	采购部	¥5,000	¥2,000	¥4,000	¥3,000	¥14,000	¥1,470			
DS006	赵亮	财务部	¥4,000	¥1,000	¥900	¥2,500	¥8,400	¥882			
DS007	王晓	生产部	¥5,000	¥2,000	¥4,500	¥4,000	¥15,500	¥1,628			
DS008	李明	销售部	¥3,000	¥1,000	¥600	¥5,000	¥9,600	¥1,008			
DS009	吴晶	人事部	¥5,500	¥2,000	¥3,500	¥3,000	¥14,000	¥1,470			
DS010	张雨	销售部	¥3,000	¥500	¥700	¥5,500	¥9,700	¥1,019			
DS011	齐征	采购部	¥4,000	¥1,000	¥600	¥3,000	¥8,600	¥903			
DS012	张吉	生产部	¥3,000	¥500	¥900	¥4,000	¥8,400	¥882			
DS013	张函	财务部	¥4,000	¥1,000	¥1,000	¥2,500	¥8,500	¥893			
DS014	王珂	采购部	¥3,000	¥1,000	¥800	¥3,500	¥8,300	¥872			
DS015	刘雯	销售部	¥3,000	¥1,000	¥800	¥5,500	¥10,300	¥1,082			

图6-21

3. 计算应纳税所得额

STEP 1 选中 I2 单元格，输入公式"=IF((H2-I2)>5000,H2-I2-5000,0)"，如图 6-22 所示。

STEP 2 按【Enter】键确认，计算出应纳税所得额，并将公式向下填充，效果如图 6-23 所示。

	A	B	C	D	E	F	G	H	I	J	K	L
	工号	姓名	部门	基本工资	岗位工资	工龄工资	绩效工资	应发工资	社保扣除	应纳税所得额	个人所得税	实发工资
2	DS001	苏超	销售部	¥5,000	¥2,000	¥3,000	¥4,000	¥14,000	=IF((H2-I2)>5000,H2-I2-5000,0)			
3	DS002	李梅	生产部	¥3,500	¥1,000	¥1,000	¥3,500	¥9,000	IF(logical_test, [value_if_true], [value_if_false])			
4	DS003	刘红	财务部	¥6,000	¥2,000	¥3,000	¥2,500	¥13,500	¥1,418			

图6-22

	A	B	C	D	E	F	G	H	I	J	K	L
1	工号	姓名	部门	基本工资	岗位工资	工龄工资	绩效工资	应发工资	社保扣除	应纳税所得额	个人所得税	实发工资
2	DS001	苏超	销售部	¥5,000	¥2,000	¥3,000	¥4,000	¥14,000	¥1,470	¥7,530		
3	DS002	李梅	生产部	¥3,500	¥1,000	¥1,000	¥3,500	¥9,000	¥945	¥3,055		
4	DS003	刘红	财务部	¥6,000	¥2,000	¥3,000	¥2,500	¥13,500	¥1,418	¥7,083		
5	DS004	孙杨	人事部	¥3,500	¥500	¥1,500	¥3,000	¥8,500	¥893	¥2,608		
6	DS005	张星	采购部	¥5,000	¥1,000	¥4,000	¥3,000	¥14,000	¥1,470	¥7,530		
7	DS006	赵亮	财务部	¥4,000	¥1,000	¥900	¥2,500	¥8,400	¥882	¥2,518		
8	DS007	王晓	生产部	¥5,000	¥2,000	¥4,500	¥4,000	¥15,500	¥1,628	¥8,873		
9	DS008	幸明	销售部	¥3,000	¥1,000	¥600	¥5,000	¥9,600	¥1,008	¥3,592		
10	DS009	吴晶	人事部	¥5,500	¥2,000	¥3,500	¥3,000	¥14,000	¥1,470	¥7,530		
11	DS010	张雨	销售部	¥3,000	¥500	¥700	¥5,500	¥9,700	¥1,019	¥3,682		
12	DS011	乔征	采购部	¥4,000	¥1,000	¥600	¥3,000	¥8,600	¥903	¥2,697		
13	DS012	张吉	生产部	¥3,000	¥500	¥900	¥4,000	¥8,400	¥882	¥2,518		
14	DS013	张函	财务部	¥4,000	¥1,000	¥1,000	¥2,500	¥8,500	¥893	¥2,608		
15	DS014	王珂	采购部	¥3,000	¥1,000	¥800	¥3,500	¥8,300	¥872	¥2,429		
16	DS015	刘雯	销售部	¥3,000	¥1,000	¥800	¥5,500	¥10,300	¥1,082	¥4,219		

图6-23

应用秘技

　　本例使用的个人所得税起征点以5000元计算，用户可利用IF函数来操作。如果"应发工资"减去"社保扣除"的数值大于5000，则返回值为"应发工资"减"社保扣除"，再减5000；否则返回0。

4. 计算个人所得税和实发工资

　　用户先按照个人所得税税率表信息，计算出个人所得税。个人当年累计应纳税所得额未超过36000元的，个人所得税适用税率为3%，速算扣除数为0。该算法适用于居民个人工资、薪金所得预扣预缴情况。假设本例中的员工当年累计应纳税所得额均未超过36000元。

　　选中K2单元格，输入公式"=J2*3%"，按【Enter】键确认，计算出个人所得税，并将公式向下填充，效果如图6-24所示。

	A	B	C	D	E	F	G	H	I	J	K	L
1	工号	姓名	部门	基本工资	岗位工资	工龄工资	绩效工资	应发工资	社保扣除	应纳税所得额	个人所得税	实发工资
2	DS001	苏超	销售部	¥5,000	¥2,000	¥3,000	¥4,000	¥14,000	¥1,470	¥7,530	¥226	
3	DS002	李梅	生产部	¥3,500	¥1,000	¥1,000	¥3,500	¥9,000	¥945	¥3,055	¥92	
4	DS003	刘红	财务部	¥6,000	¥2,000	¥3,000	¥2,500	¥13,500	¥1,418	¥7,083	¥212	
5	DS004	孙杨	人事部	¥3,500	¥500	¥1,500	¥3,000	¥8,500	¥893	¥2,608	¥78	
6	DS005	张星	采购部	¥5,000	¥2,000	¥4,000	¥3,000	¥14,000	¥1,470	¥7,530	¥226	
7	DS006	赵亮	财务部	¥4,000	¥1,000	¥900	¥2,500	¥8,400	¥882	¥2,518	¥78	
8	DS007	王晓	生产部	¥5,000	¥2,000	¥4,500	¥4,000	¥15,500	¥1,628	¥8,873	¥266	
9	DS008	幸明	销售部	¥3,000	¥1,000	¥600	¥5,000	¥9,600	¥1,008	¥3,592	¥108	
10	DS009	吴晶	人事部	¥5,500	¥2,000	¥3,500	¥3,000	¥14,000	¥1,470	¥7,530	¥226	
11	DS010	张雨	销售部	¥3,000	¥500	¥700	¥5,500	¥9,700	¥1,019	¥3,682	¥110	
12	DS011	乔征	采购部	¥4,000	¥1,000	¥600	¥3,000	¥8,600	¥903	¥2,697	¥81	
13	DS012	张吉	生产部	¥3,000	¥500	¥900	¥4,000	¥8,400	¥882	¥2,518	¥76	
14	DS013	张函	财务部	¥4,000	¥1,000	¥1,000	¥2,500	¥8,500	¥893	¥2,608	¥78	
15	DS014	王珂	采购部	¥3,000	¥1,000	¥800	¥3,500	¥8,300	¥872	¥2,429	¥73	
16	DS015	刘雯	销售部	¥3,000	¥1,000	¥800	¥5,500	¥10,300	¥1,082	¥4,219	¥127	

图6-24

接下来计算实发工资。选中L2单元格，输入公式"=H2-I2-K2"，按【Enter】键确认，得出结果，将公式向下填充，效果如图6-25所示。

	A	B	C	D	E	F	G	H	I	J	K	L
1	工号	姓名	部门	基本工资	岗位工资	工龄工资	绩效工资	应发工资	社保扣除	应纳税所得额	个人所得税	实发工资
2	DS001	苏超	销售部	¥5,000	¥2,000	¥3,000	¥4,000	¥14,000	¥1,470	¥7,530	¥226	¥12,304
3	DS002	李梅	生产部	¥3,500	¥1,000	¥1,000	¥3,500	¥9,000	¥945	¥3,055	¥92	¥7,963
4	DS003	刘红	财务部	¥6,000	¥2,000	¥3,000	¥2,500	¥13,500	¥1,418	¥7,083	¥212	¥11,870
5	DS004	孙杨	人事部	¥3,500	¥500	¥1,500	¥3,000	¥8,500	¥893	¥2,608	¥78	¥7,529
6	DS005	张星	采购部	¥5,000	¥2,000	¥4,000	¥3,000	¥14,000	¥1,470	¥7,530	¥226	¥12,304
7	DS006	赵亮	财务部	¥4,000	¥1,000	¥900	¥2,500	¥8,400	¥882	¥2,518	¥76	¥7,442
8	DS007	王晓	生产部	¥5,000	¥2,000	¥4,500	¥4,000	¥15,500	¥1,628	¥8,873	¥266	¥13,606
9	DS008	李明	销售部	¥3,000	¥1,000	¥600	¥5,000	¥9,600	¥1,008	¥3,592	¥108	¥8,484
10	DS009	吴晶	人事部	¥5,500	¥2,000	¥3,500	¥3,000	¥14,000	¥1,470	¥7,530	¥226	¥12,304
11	DS010	张雨	销售部	¥3,000	¥500	¥700	¥5,500	¥9,700	¥1,019	¥3,682	¥110	¥8,571
12	DS011	乔任	采购部	¥4,000	¥1,000	¥800	¥2,800	¥8,600	¥903	¥2,697	¥81	¥7,616
13	DS012	张吉	生产部	¥4,000	¥500	¥900	¥4,000	¥8,400	¥882	¥2,518	¥76	¥7,442
14	DS013	张函	财务部	¥4,000	¥1,000	¥1,000	¥2,500	¥8,500	¥893	¥2,608	¥78	¥7,529
15	DS014	王珂	采购部	¥3,000	¥1,000	¥800	¥3,500	¥8,300	¥872	¥2,429	¥73	¥7,356
16	DS015	刘雯	销售部	¥3,000	¥1,000	¥800	¥5,500	¥10,300	¥1,082	¥4,219	¥127	¥9,092

图6-25

6.2.2 查询员工工资

微课视频

当用户需要快速查询某个员工的工资时，可以通过VLOOKUP函数来实现。下面将介绍具体的操作方法。

1. VLOOKUP函数

VLOOKUP函数用于查找指定的数值，并返回当前行中指定列的数值。

语法：=VLOOKUP(查找值,数据表,列序数,[匹配条件])。

说明如下。

- 查找值：需要在数组第一列中查找的数值，可以为数值、引用或文本字符串。
- 数据表：需要在其中查找数据的数据表，可以使用对区域或区域名称的引用。
- 列序数：待返回的匹配值的列序号；为1时，返回数据表第1列中的数值。
- 匹配条件：指定在查找时，是要求精确匹配，还是大致匹配。如果为FALSE，为精确匹配；如果为TRUE或忽略，为大致匹配。

新手提示

VLOOKUP函数的第2参数必须包含查找值和返回值，且第1列必须是查找值。

2. 制作工资查询表

STEP 1 制作一个"工资查询表"框架，选中B2单元格，在"数据"选项卡中，单击"数据验证"按钮，如图6-26所示。

STEP 2 打开"数据验证"对话框，在"设置"选项卡中，将"允许"设置为"序列"，在"来源"文本框中输入"=员工工资表!$A$2:$A$16"，单击"确定"按钮，如图6-27所示。

STEP 3 单击B2单元格右侧的下拉按钮，从列表中选择需要的选项，如图6-28所示。

STEP 4 选中B3单元格，输入公式"=VLOOKUP($B$2,员工工资表!$A$2:$M$16,2,FALSE)"，

如图6-29所示。

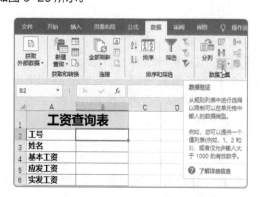

图6-26

图6-27

图6-28

图6-29

STEP 5 按【Enter】键确认，引用"员工工资表"中的姓名，如图 6-30 所示。

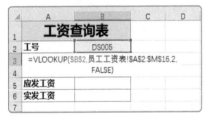

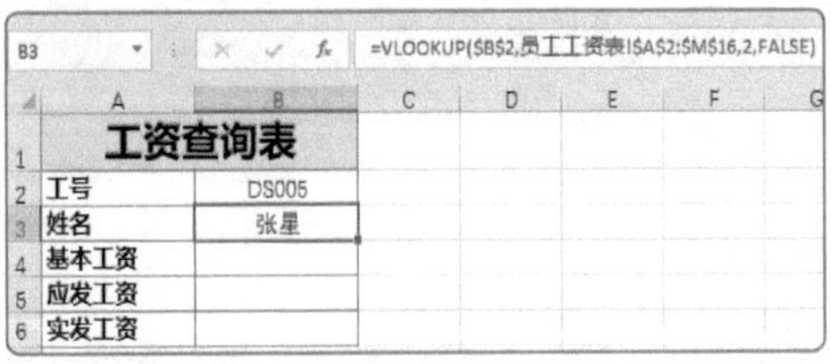

图6-30

STEP 6 选择 B4 单元格，输入公式"=VLOOKUP($B$2,员工工资表!$A$2:$M$16,4,FALSE)"，按【Enter】键确认，引用"员工工资表"中的基本工资，如图 6-31 所示。

STEP 7 选中 B5 单元格，输入公式"=VLOOKUP($B$2,员工工资表!$A$2:$M$16,8,FALSE)"，按【Enter】键确认，引用"员工工资表"中的应发工资，如图 6-32 所示。

图6-31

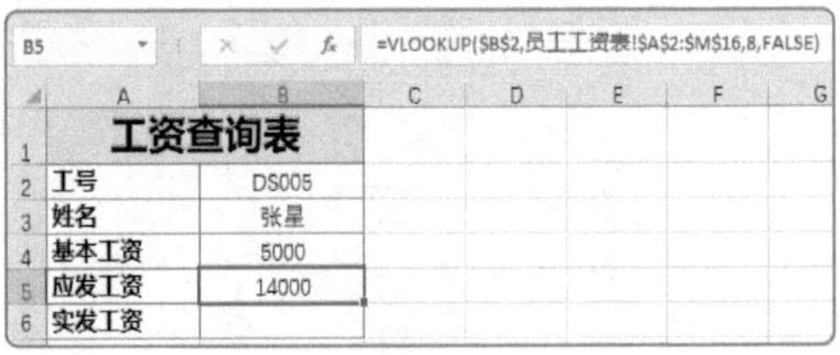

图6-32

STEP 8 选中 B6 单元格，输入公式"=VLOOKUP($B$2,员工工资表!$A$2:$M$16,12,FALSE)"，按【Enter】键确认，引用"员工工资表"中的实发工资，如图 6-33 所示。

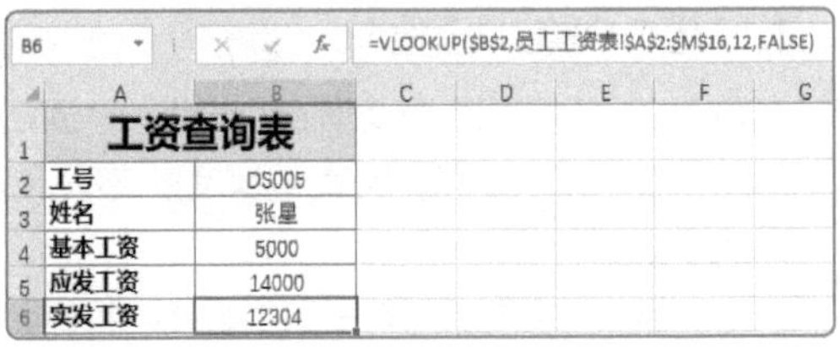

图6-33

STEP 9 选中 B2 单元格，单击右侧下拉按钮，从列表中选择"DS010"选项，如图 6-34 所示。

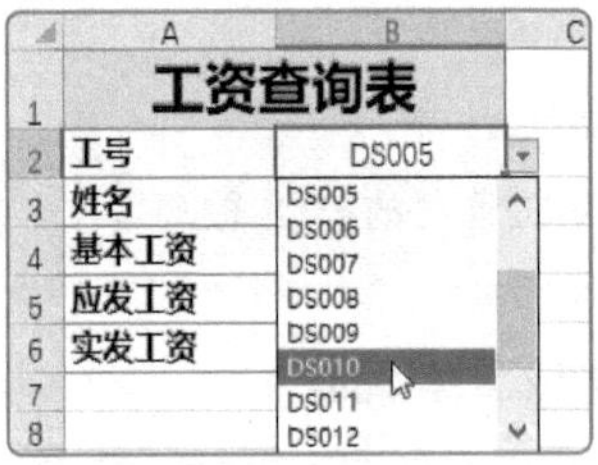

图6-34

STEP 10 操作完成后即可显示工号为"DS010"的员工工资信息，如图 6-35 所示。

图6-35

工资条应该包括员工工资表中的各个组成部分，如基本工资、应发工资、个人所得税、实发工资等。用户可以使用VLOOKUP函数和COLUMN函数，来制作工资条。下面将介绍具体的操作方法。

1. COLUMN函数

COLUMN函数用于返回引用的列号。

语法：=COLUMN([参照区域])。

说明：参照区域为准备求取其列号的单元格或连续的单元格区域；如果忽略，则使用包含COLUMN函数的单元格。

2. 生成工资条

STEP 1 制作一个"工资条"框架，在 B3 单元格中输入"DS001"，如图 6-36 所示。

STEP 2 选中 C3 单元格，输入公式"=VLOOKUP($B3,员工工资表!$A:$M,COLUMN()-1,0)"，按【Enter】键确认，引用"员工工资表"中的姓名，如图 6-37 所示。

STEP 3 再次选中 C3 单元格，将鼠标指针移至该单元格右下角，当鼠标指针变为十字形时，向右拖动填充公式，如图 6-38 所示。

STEP 4 选中 B1:M3 单元格区域，将鼠标指针移至区域右下角，当鼠标指针变为十字形时，向下拖动，即可生成工资条，如图 6-39 所示。

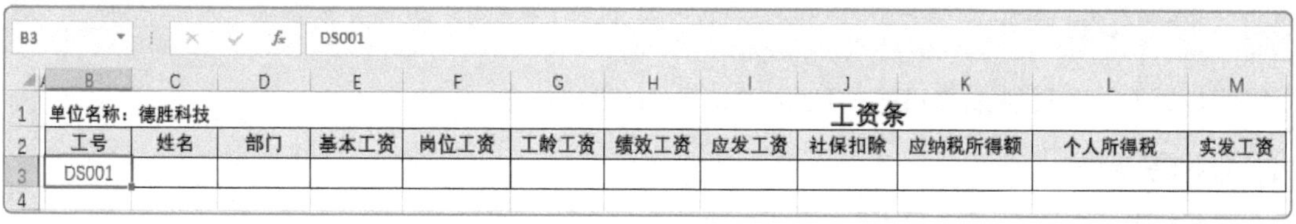

图6-36

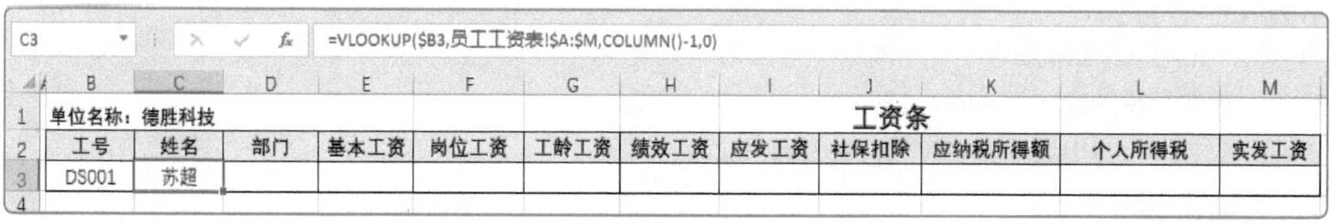

图6-37

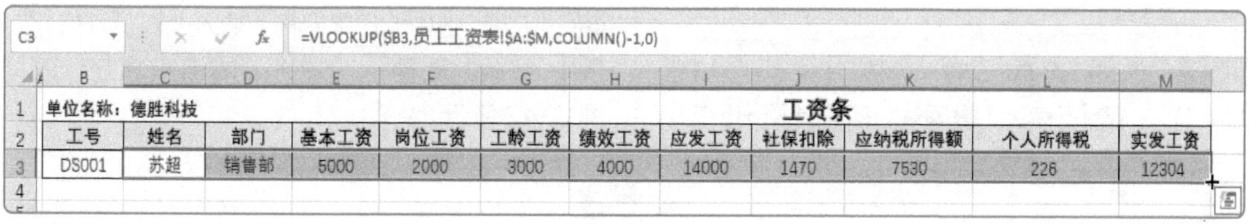

图6-38

单位名称：德胜科技								工资条			
工号	姓名	部门	基本工资	岗位工资	工龄工资	绩效工资	应发工资	社保扣除	应纳税所得额	个人所得税	实发工资
DS001	苏超	销售部	5000	2000	3000	4000	14000	1470	7530	226	12304
单位名称：德胜科技								工资条			
工号	姓名	部门	基本工资	岗位工资	工龄工资	绩效工资	应发工资	社保扣除	应纳税所得额	个人所得税	实发工资
DS002	李悟	生产部	3500	1000	1000	3500	9000	945	3055	92	7963
单位名称：德胜科技								工资条			
工号	姓名	部门	基本工资	岗位工资	工龄工资	绩效工资	应发工资	社保扣除	应纳税所得额	个人所得税	实发工资
DS003	刘红	财务部	6000	2000	3000	2500	13500	1417.5	7082.5	212	11870
单位名称：德胜科技								工资条			
工号	姓名	部门	基本工资	岗位工资	工龄工资	绩效工资	应发工资	社保扣除	应纳税所得额	个人所得税	实发工资
DS004	孙杨	人事部	3500	500	1500	3000	8500	892.5	2607.5	78	7529
单位名称：德胜科技								工资条			
工号	姓名	部门	基本工资	岗位工资	工龄工资	绩效工资	应发工资	社保扣除	应纳税所得额	个人所得税	实发工资
DS005	张星	采购部	5000	2000	4000	3000	14000	1470	7530	226	12304
单位名称：德胜科技								工资条			
工号	姓名	部门	基本工资	岗位工资	工龄工资	绩效工资	应发工资	社保扣除	应纳税所得额	个人所得税	实发工资
DS006	赵亮	财务部	4000	1000	900	2500	8400	882	2518	76	7442

个人所得税　员工工资表　工资查询表　工资条

图6-39

6.3 制作员工考勤表

员工考勤表是用来统计员工的出勤情况的，主要用于记录员工一个月内的出勤天数、休息天数、迟到次数、旷工天数、请假天数等情况。下面将介绍如何制作员工考勤表。

6.3.1 计算日期

用户可以通过DATE函数计算日期，下面将介绍具体的操作方法。

1. DATE函数

DATE函数用于求以年、月、日表示的日期的序列号。

语法：=DATE(年,月,日)。

说明如下。

● 年：1904到9999的数字。

● 月：代表月份的数字，其值为1到12。

● 日：代表一个月中第几天的数字，其值为1到31。

2. 计算日期

STEP 1 构建一个"考勤表"框架，如图6-40所示。

STEP 2 选中B6单元格，输入公式"=DATE(L4,O4,1)"，按【Enter】键确认，即可计算出日期，如图6-41所示。

STEP 3 选中C6单元格，输入公式"=B6+1"，按【Enter】键确认，并将公式向右填充，效果如图6-42所示。

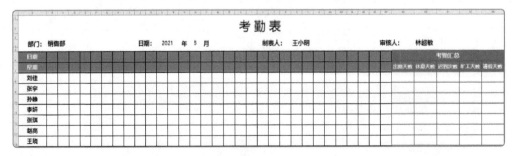

图6-40

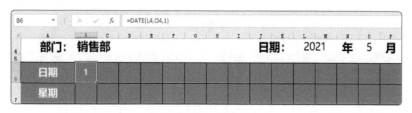

图6-41

图6-42

6.3.2 计算星期

用户可以使用TEXT函数，根据日期计算对应的星期。下面将介绍具体的操作方法。

STEP 1 选中 B7 单元格，输入公式 "=TEXT (B6,"aaa")"，如图 6-43 所示。

STEP 2 按【Enter】键确认，计算出星期，并将公式向右填充，效果如图 6-44 所示。

图6-43

图6-44

6.3.3 统计考勤情况

用户可以使用COUNTIF函数统计员工出勤天数、休息天数、迟到次数、旷工天数等。下面将介绍具体的操作方法。

微课视频

1. COUNTIF函数

COUNTIF函数用于求满足给定条件的数据个数。

语法：=COUNTIF(区域,条件)

说明如下。

● 区域：要计算其中非空单元格数目的区域。

● 条件：以数字、表达式或文本形式定义的条件。

2. 考勤汇总

STEP 1 在"考勤表"中输入考勤信息，如图 6-45 所示。其中"√"代表出勤，"/"代表休息，"☆"代表迟到，"×"代表旷工，"○"代表请假。

STEP 2 选 中 AG8 单 元 格，输 入 公 式 "=COUNTIF(B8:AF8,"√")+COUNTIF(B8: AF8,"☆")"，如图 6-46 所示。

考 勤 表

部门：销售部　　日期：2021 年 5 月　　制表人：王小明　　审核人：林超敏

日期	1	2	3	4	5	6	7	8	9	10	11	12	13	14	15	16	17	18	19	20	21	22	23	24	25	26	27	28	29	30	31	考勤汇总				
星期	六	日	一	二	三	四	五	六	日	一	二	三	四	五	六	日	一	二	三	四	五	六	日	一	二	三	四	五	六	日	一	出勤天数	休息天数	迟到次数	旷工天数	请假天数
刘佳	/	/	√	√	√	√	☆	/	/	√	√	√	√	×	/	/	√	×	√	√	√	/	/	√	☆	√	√	√	√	/	√					
张宇	/	/	√	√	√	√	√	√	/	√	√	√	√	√	/	×	√	√	√	√	×	√	☆	√	√	○	√	√	/	√	√					
孙静	/	/	√	√	√	○	√	/	/	○	√	√	×	√	/	√	○	√	√	√	×	√	/	☆	√	√	√	√	/	√	√					
李妍	/	/	×	√	√	×	√	/	/	√	×	☆	√	√	/	√	√	√	√	√	√	☆	/	√	√	√	√	√	/	○	√					
张琪	/	/	√	√	√	√	√	/	/	√	√	√	√	√	/	√	√	√	√	√	√	√	/	√	☆	√	√	√	/	√	√					
赵亮	/	/	√	√	√	○	√	/	/	√	√	√	☆	√	/	√	√	√	○	√	√	√	/	√	√	√	√	√	/	/	☆					
王晓	√	/	√	√	×	√	√	/	/	√	√	√	√	√	/	√	☆	○	√	√	√	√	/	√	√	√	√	√	/	/	√					

图6-45

REPLACE　=COUNTIF(B8:AF8,"√")+COUNTIF(B8:AF8,"☆")

24	25	26	27	28	29	30	31		
一	二	三	四	五	六	日	一	出勤天数	休息天数
√	☆	√	√	√	√	/	√	8,"☆")	
√	√	○	√	√	/	√	√		
☆	√	√	√	√	/	√	√		
√	√	√	√	√	/	○	√		
√	☆	√	√	√	/	√	√		
√	√	√	√	√	/	/	☆		

图6-46

STEP 3 按【Enter】键确认，计算出出勤天数，并将公式向下填充，效果如图6-47所示。

26	27	28	29	30	31	
三	四	五	六	日	一	出勤天数
√	√	√	√	/	√	20
○	√	√	/	√	√	23
√	√	√	/	√	√	19
√	√	√	/	○	√	20
√	√	√	/	√	√	24
√	√	√	/	/	☆	21
√	√	√	/	/	√	22

图6-47

STEP 4 选中AH8单元格，输入公式“=COUNTIF(B8:AF8,"/")”，如图6-48所示。

REPLACE　=COUNTIF(B8:AF8,"/")

27	28	29	30	31		
四	五	六	日	一	出勤天数	休息天数
√	√	√	/	√	20	=COUNTIF(B8:AF8,"/")
√	√	/	√	√	23	
√	√	/	√	√	19	
√	√	/	○	√	20	

图6-48

STEP 5 按【Enter】键确认，计算出休息天数，并将公式向下填充，效果如图6-49所示。

27	28	29	30	31		
四	五	六	日	一	出勤天数	休息天数
√	√	√	/	√	20	9
√	√	/	√	√	23	5
√	√	/	√	√	19	7
√	√	/	○	√	20	7
√	√	/	√	√	24	7
√	√	/	/	☆	21	8
√	√	/	/	√	22	7

图6-49

STEP 6 选中AI8单元格，输入公式“=COUNTIF(B8:AF8,"☆")”，如图6-50所示。

REPLACE　=COUNTIF(B8:AF8,"☆")

29	30	31	考勤汇总		
六	日	一	出勤天数	休息天数	迟到次数
√	/	√	20	9	=COUNTIF(B8:AF8,"☆")
/	√	√	23	5	
/	√	√	19	7	
/	○	√	20	7	
/	√	√	24	7	

图6-50

STEP 7 按【Enter】键确认，计算出迟到次数，并将公式向下填充，效果如图6-51所示。

29	30	31	考勤汇总		
六	日	一	出勤天数	休息天数	迟到次数
√	/	√	20	9	2
/	√	√	23	5	1
/	√	√	19	7	1
/	○	√	20	7	2
/	√	√	24	7	1
/	/	☆	21	8	2
/	/	√	22	7	1

图6-51

STEP 8 选中AJ8单元格，输入公式“=COUNTIF(B8:AF8,"×")”，按【Enter】键确认，计算出旷工天数，并将公式向下填充，效果如图6-52所示。

出勤天数	休息天数	迟到次数	旷工天数
20	9	2	2
23	5	1	2
19	7	1	2
20	7	2	3

图6-52

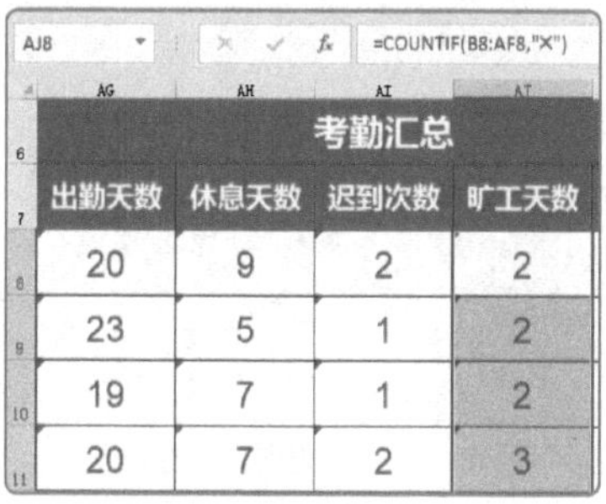

STEP 9 选中AK8单元格，输入公式“=COUNTIF(B8:AF8,"○")”，按【Enter】键确认，计算出请假天数，并将公式向下填充，效果如图6-53所示。

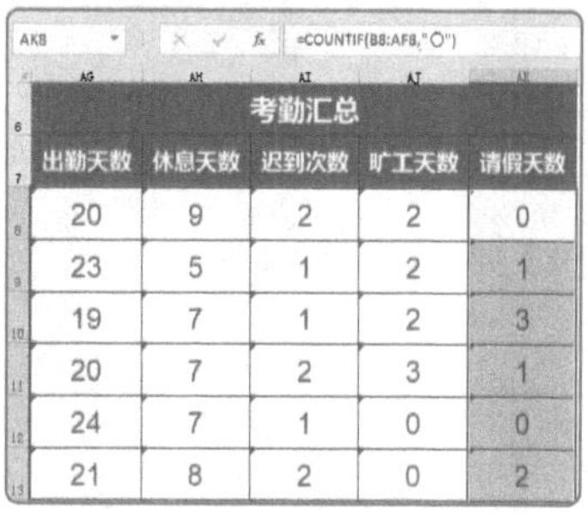

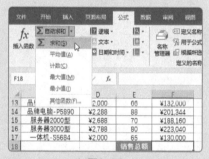

出勤天数	休息天数	迟到次数	旷工天数	请假天数
20	9	2	2	0
23	5	1	2	1
19	7	1	2	3
20	7	2	3	1
24	7	1	0	0
21	8	2	0	2

图6-53

疑难解答

Q：如何自动求和？

A：选中单元格，在“公式”选项卡中单击“自动求和”下拉按钮，从列表中选择“求和”选项，如图6-54所示。系统自动在单元格中输入公式，如图6-55所示。按【Enter】键确认即可得出结果。

图6-54

	C	D	E	F
6	一体机-S5684	¥2,000	25	¥50,000
7	品牌电脑-P5890	¥2,200	16	¥35,200
8	一体机-S5684	¥2,088	11	¥22,968
9	一体机-S5684	¥2,088	20	¥41,760
10	服务器2000型	¥2,688	23	¥61,824
11	一体机-S5684	¥2,000	30	¥60,000
12	一体机-T6985	¥2,188	35	¥76,580
13	品牌电脑-P4895	¥2,000	66	¥132,000
14	品牌电脑-P5890	¥2,288	88	¥201,344
15	服务器2000型	¥2,688	70	¥188,160
16	服务器3000型	¥2,788	80	¥223,040
17	一体机-S5684	¥2,000	65	¥130,000
18			销售总额	=SUM(F2:F17)

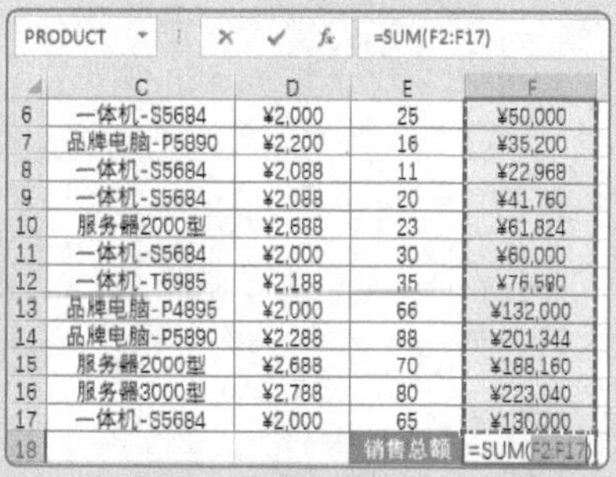

图6-55

Q：如何查看函数类型？

A：Excel提供了大量的函数，包括财务、逻辑、文本、日期和时间、查找与引用、数学和三角函数等。用户可以在“公式”选项卡的“函数库”选项组中查看函数的种类，如图6-56所示。

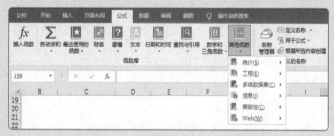

图6-56

Q：如何修改公式？

A：选中单元格，按【F2】键，该单元格即可进入编辑状态，用户可以根据需要进行修改。

第7章

数据的分析与处理

在 Excel 中可以进行各种数据的处理、统计、分析等操作，因而 Excel 广泛地应用于管理、统计、金融等众多领域。掌握这些操作，用户可以快速处理表格数据。本章将以案例的形式，向用户介绍数据的排序、筛选、分类汇总等操作。

7.1 对商品销售明细表排序

商品销售明细表中记录了销售日期、商品名称、销售数量、销售金额等，用户可以对其进行排序、设置条件格式等操作。下面将进行详细介绍。

7.1.1 简单排序

简单排序多指对表格中的某一列进行排序。下面将介绍如何对"销售金额"进行排序。

STEP 1 选中"销售金额"列任意单元格，在"数据"选项卡中单击"升序"按钮，如图 7-1 所示。

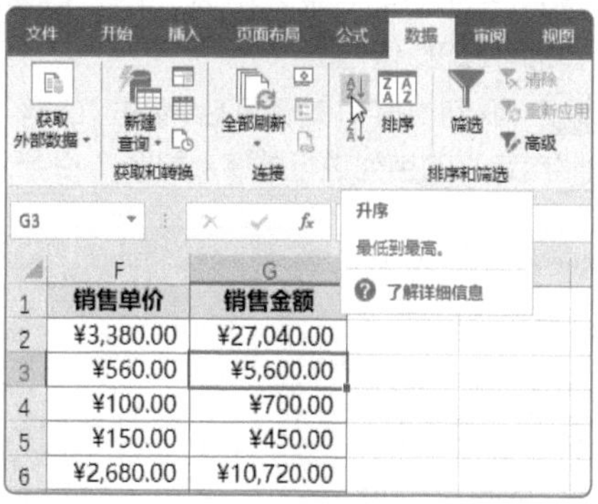

STEP 2 操作完成后即可将"销售金额"列中的数据按照从小到大的顺序进行排列，如图 7-2 所示。

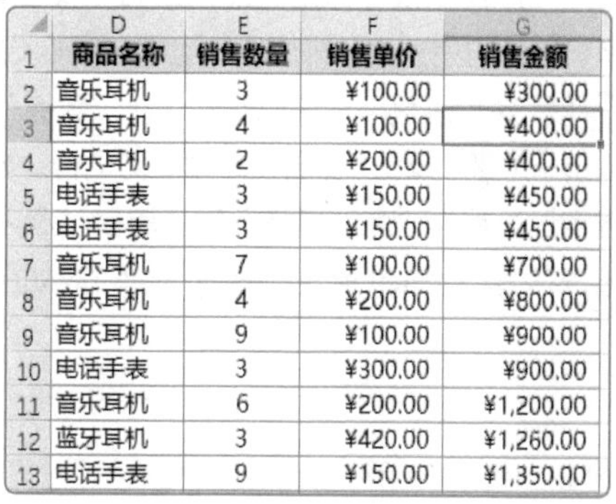

图7-1

图7-2

7.1.2 复杂排序

复杂排序是对工作表中的数据按照两个或两个以上的关键字进行排序。下面将介绍如何对"销售部门"和"销售数量"进行排序。

STEP 1 选中表格中任意单元格，在"数据"选项卡中单击"排序"按钮，打开"排序"对话框。将"主要关键字"设置为"销售部门"❶，将"次序"设置为"升序"❷，单击"添加条件"按钮❸，如图 7-3 所示，添加"次要关键字"。

图7-3

图7-4

STEP 2 将"次要关键字"设置为"销售数量"❶，将"次序"设置为"升序"❷，单击"确定"按钮❸，如图 7-4 所示。

STEP 3 操作完成后即可按"销售部门"和"销售数量"列中的数据进行"升序"排序，如图 7-5 所示。

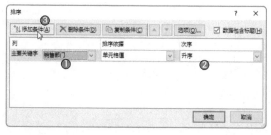

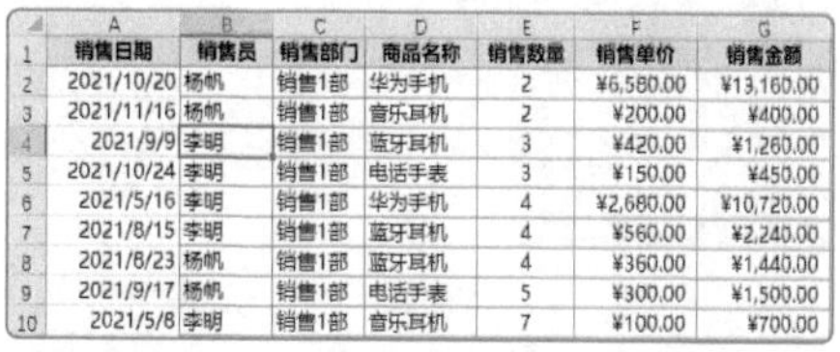

图7-5

微课视频

应用秘技

如果用户想要将数据按照从大到小的顺序排列，则可以在"数据"选项卡中单击"降序"按钮，如图7-6所示。

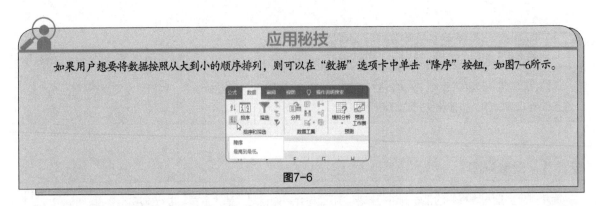

图7-6

7.1.3 自定义序列

微课视频

如果用户需要按照特定的序列进行排序，例如，按照华为手机、电话手表、蓝牙耳机、音乐耳机这样的序列进行排序，则可以创建自定义序列。下面将介绍具体的操作方法。

STEP 1 选中表格中任意单元格，在"数据"选项卡中单击"排序"按钮，打开"排序"对话框。将"主要关键字"设置为"商品名称"❶，单击"次序"下拉按钮，从列表中选择"自定义序列"选项❷，如图7-7所示。

图7-7

STEP 2 打开"自定义序列"对话框，在"输入序列"列表框中依次输入"华为手机""电话手表""蓝牙耳机""音乐耳机"❶，单击"添加"按钮❷，如图7-8所示。将其添加到"自定义序列"列表框中，单击"确定"按钮。需注意的是，每输入一个序列项，需按【Enter】键进行分隔。

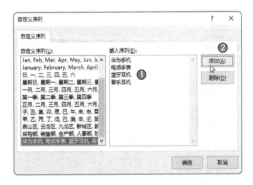

图7-8

STEP 3 返回"排序"对话框后，单击"确定"按钮，即可按照自定义的序列进行排序，如图7-9所示。

	A	B	C	D	E	F	G
1	销售日期	销售员	销售部门	商品名称	销售数量	销售单价	销售金额
2	2021/5/1	李明	销售1部	华为手机	8	¥3,380.00	¥27,040.00
3	2021/5/16	李明	销售1部	华为手机	4	¥2,680.00	¥10,720.00
19	2021/5/14	赵亮	销售3部	电话手表	3	¥150.00	¥450.00
20	2021/7/4	马宇	销售2部	电话手表	11	¥300.00	¥3,300.00
31	2021/5/4	赵亮	销售3部	蓝牙耳机	10	¥560.00	¥5,600.00
32	2021/5/20	张志清	销售1部	蓝牙耳机	6	¥420.00	¥2,520.00
33	2021/6/25	张志清	销售2部	蓝牙耳机	4	¥420.00	¥1,680.00
44	2021/5/16	李明	销售1部	音乐耳机	7	¥100.00	¥700.00
45	2021/5/25	杨帆	销售1部	音乐耳机	8	¥200.00	¥1,600.00

图7-9

应用秘技

如果用户想要按照笔画进行排序，则需要在"排序"对话框中单击"选项"按钮，如图7-10所示。打开"排序选项"对话框，选中"笔划排序"单选按钮，单击"确定"按钮即可，如图7-11所示。

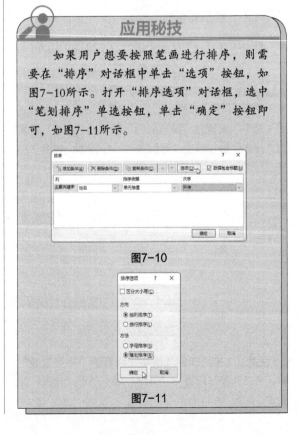

图7-10

图7-11

7.1.4 设置条件格式

设置条件格式就是根据条件使用数据条、色阶和图标集等，以更直观的方式显示单元格中的相关数据信息。下面将进行详细介绍。

1. 突出显示指定条件的单元格

STEP 1 选中 E2:E51 单元格区域，在"开始"选项卡中单击"条件格式"下拉按钮①，从列表中选择"突出显示单元格规则"选项②，并从其级联菜单中选择"大于"③，如图 7-12 所示。

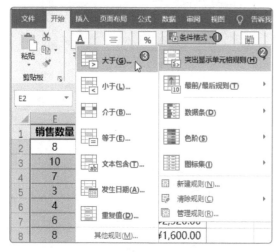

图7-12

2. 添加数据条

STEP 1 选中 G2:G51 单元格区域，在"开始"选项卡中单击"条件格式"下拉按钮①，从列表中选择"数据条"选项②，并从其级联菜单中选择合适的数据条样式，这里选择"红色数据条"③，如图 7-14 所示。

图7-14

STEP 2 打开"大于"对话框，在"为大于以下值的单元格设置格式"文本框中输入"10"①，在"设置为"列表中选择"浅红填充色深红色文本"选项②，单击"确定"按钮③，即可将"销售数量"大于 10 的单元格突出显示出来，如图 7-13 所示。

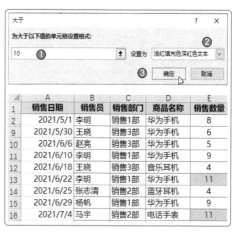

图7-13

STEP 2 操作完成后即可为"销售金额"列中的数据添加数据条，如图 7-15 所示。其中数值越大数据条越长，数值越小数据条越短。

	D	E	F	G
1	商品名称	销售数量	销售单价	销售金额
2	华为手机	8	¥3,380.00	¥27,040.00
3	蓝牙耳机	10	¥560.00	¥5,600.00
4	音乐耳机	7	¥100.00	¥700.00
5	电话手表	3	¥150.00	¥450.00
6	华为手机	4	¥2,680.00	¥10,720.00
7	蓝牙耳机	6	¥420.00	¥2,520.00
8	音乐耳机	8	¥200.00	¥1,600.00
9	华为手机	6	¥2,150.00	¥12,900.00
10	华为手机	5	¥7,208.00	¥36,040.00
11	华为手机	9	¥3,110.00	¥27,990.00

图7-15

第 **7** 章 数据的分析与处理

3. 添加色阶

`STEP 1` 选中 F2:F51 单元格区域，在"开始"选项卡中单击"条件格式"下拉按钮❶，从列表中选择"色阶"选项❷，并从其级联菜单中选择合适的色阶样式，这里选择"红－白－绿色阶"❸，如图 7-16 所示。

图7-16

4. 添加图标集

`STEP 1` 选中 E2:E51 单元格区域，在"开始"选项卡中单击"条件格式"下拉按钮，从列表中选择"图标集"选项，在其级联菜单中可以选择合适的样式，为数据快速添加图标集，这里选择"其他规则"，如图 7-18 所示。

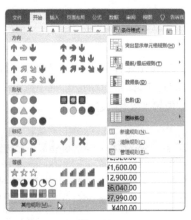

图7-18

`STEP 2` 打开"新建格式规则"对话框，将"格式样式"设置为"图标集"❶，在"图标样式"列表中选择合适的样式❷，在"根据以下规则显示各个图标"区域，设置图标的类型和值❸，单击"确定"按钮❹，如图 7-19 所示。

`STEP 3` 操作完成后即可为"销售数量"中的数据添加设置的图标集，如图 7-20 所示。

`STEP 2` 操作完成后即可为"销售单价"中的数据添加色阶，如图 7-17 所示。

	C	D	E	F
1	销售部门	商品名称	销售数量	销售单价
2	销售1部	华为手机	8	¥3,380.00
3	销售3部	蓝牙耳机	10	¥560.00
4	销售1部	音乐耳机	7	¥100.00
5	销售3部	电话手表	3	¥150.00
6	销售1部	华为手机	4	¥2,680.00
7	销售2部	蓝牙耳机	6	¥420.00
8	销售1部	音乐耳机	8	¥200.00
9	销售3部	华为手机	6	¥2,150.00
10	销售3部	华为手机	5	¥7,208.00
11	销售1部	华为手机	9	¥3,110.00
12	销售3部	音乐耳机	4	¥100.00

图7-17

图7-19

	A	B	C	D	E
1	销售日期	销售员	销售部门	商品名称	销售数量
2	2021/5/1	李明	销售1部	华为手机	8
3	2021/5/4	赵亮	销售3部	蓝牙耳机	10
4	2021/5/8	李明	销售1部	音乐耳机	7
5	2021/5/14	赵亮	销售3部	电话手表	3
6	2021/5/16	李明	销售1部	音乐耳机	8
7	2021/5/20	张志清	销售2部	蓝牙耳机	6
8	2021/5/25	杨帆	销售1部	音乐耳机	8
9	2021/5/30	王晓	销售3部	华为手机	6
10	2021/6/6	赵亮	销售3部	华为手机	5
11	2021/6/10	李明	销售1部	华为手机	9
12	2021/6/18	王晓	销售3部	音乐耳机	4
13	2021/6/22	李明	销售1部	华为手机	11

图7-20

应用秘技

　　如果用户想要清除设置的条件格式，则在"开始"选项卡中单击"条件格式"下拉按钮，从列表中选择"清除规则"选项，并从其级联菜单中选择需要的内容即可。

7.2 对商品销售明细表筛选

除了对商品销售明细表中的数据进行排序外，用户也可以对其进行筛选操作，包括自动筛选、自定义筛选、模糊筛选、高级筛选等。下面将进行详细介绍。

7.2.1 自动筛选

如果筛选条件比较简单，使用自动筛选功能可以非常方便地查找和显示所需内容。下面将介绍如何将"商品名称"为"蓝牙耳机"的销售数据筛选出来。

STEP 1 选中表格中任意单元格，在"数据"选项卡中单击"筛选"按钮，如图7-21所示，进入筛选状态。

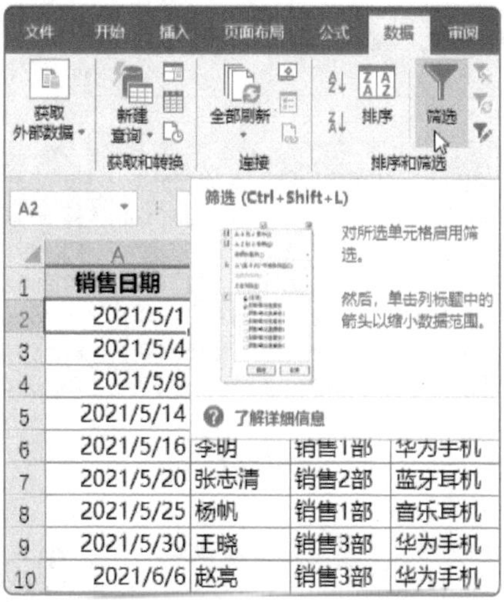

图7-21

STEP 2 单击"商品名称"下拉按钮❶，从列表中取消勾选"全选"复选框❷，勾选"蓝牙耳机"复选框❸，单击"确定"按钮❹，如图7-22所示。

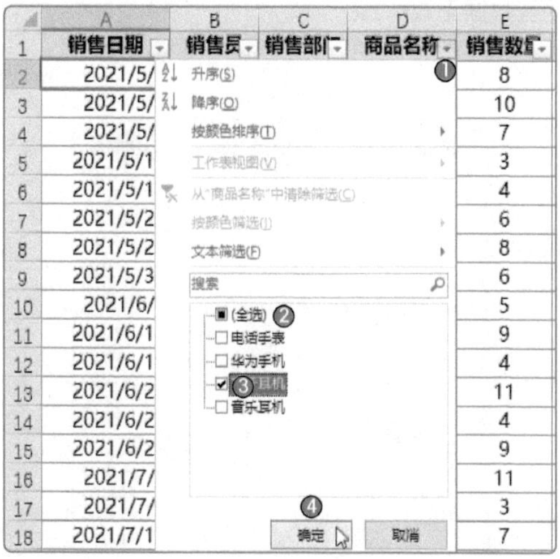

图7-22

STEP 3 操作完成后即可将"商品名称"是"蓝牙耳机"的销售数据筛选出来，如图7-23所示。

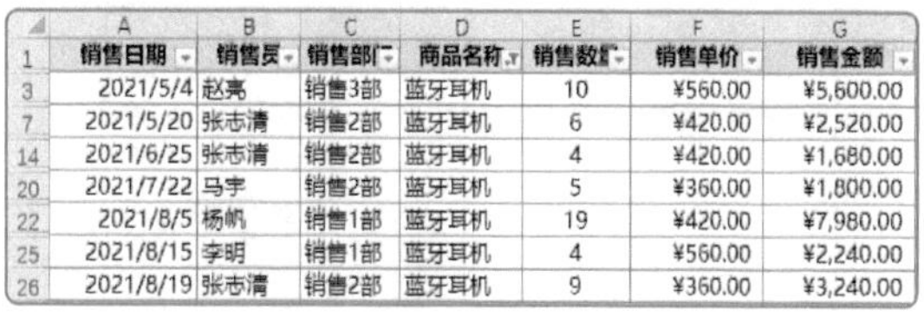

图7-23

STEP 4 对数据进行筛选后，在"数据"选项卡中，单击"清除"按钮，如图7-24所示。

图7-24

STEP 5 工作表中的筛选结果随即被清除，但不会退出筛选状态，如图7-25所示。

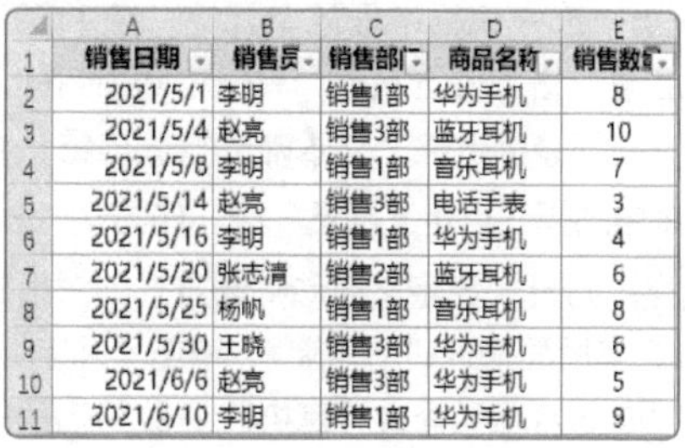

图7-25

STEP 6 再次单击"筛选"按钮，即可退出筛选状态。

微课视频

第 **7** 章 数据的分析与处理

97

7.2.2 自定义筛选

使用自定义筛选功能，可以设置更灵活的筛选条件，筛选符合要求的数据。下面将介绍如何将"销售数量"大于10的数据筛选出来。

STEP 1 选中表格中任意单元格，按【Ctrl+Shift+L】组合键，进入筛选状态，单击"销售数量"下拉按钮①，从列表中选择"数字筛选"选项②，并从其级联菜单中选择"大于"③，如图 7-26 所示。

STEP 2 打开"自定义自动筛选方式"对话框，在"大于"文本后面输入"10"，单击"确定"按钮，即可将"销售数量"大于 10 的数据筛选出来，如图 7-27 所示。

图7-26

图7-27

7.2.3 模糊筛选

当筛选条件不能明确指定某项内容而只能指定某类内容的时候，可以使用通配符进行模糊筛选。下面将介绍如何将"商品名称"含有"耳机"的数据筛选出来。

1. Excel通配符的应用

通常情况下，Excel的数据主要有三种类型，即数值型、日期型和文本型。在应用通配符自定义筛选时，通配符"？"和"*"只能配合文本型数据使用，对数值型和日期型数据无效。

2. 模糊筛选

STEP 1 选中表格中任意单元格，按【Ctrl+Shift+L】组合键，进入筛选状态，单击"商品名称"下拉按钮①，从列表中选择"文本筛选"选项②，并从其级联菜单中选择"自定义筛选"③，如图 7-28 所示。

STEP 2 打开"自定义自动筛选方式"对话框，在"等于"文本后面输入"*耳机"，单击"确定"按钮，即可将"商品名称"含有"耳机"的数据筛选出来，如图 7-29 所示。

图7-28

	B	C	D	E	F	G
1	销售员	销售部门	商品名称	销售数量	销售单价	销售金额
3	赵亮	销售3部	蓝牙耳机	10	¥560.00	¥5,600.00
4	李明	销售1部	音乐耳机	7	¥100.00	¥700.00
5	张志清	销售2部	蓝牙耳机	6	¥420.00	¥2,520.00
8	杨帆	销售1部	音乐耳机	8	¥200.00	¥1,600.00
12	王晓	销售3部	音乐耳机	4	¥100.00	¥400.00
14	张志清	销售2部	蓝牙耳机	4	¥420.00	¥1,680.00
17	马宇	销售2部	音乐耳机	3	¥100.00	¥300.00

图7-29

7.2.4 高级筛选

微课视频

当用户需要按照指定的多个条件筛选数据时，则可以使用Excel的高级筛选功能。用户利用Excel的高级筛选功能不仅可以设置更复杂的筛选条件，还可以将结果输出到指定的位置。下面将介绍具体的操作方法。

STEP 1 在表格的下方创建筛选条件，如图7-30所示。例如，将"销售员"是"王晓"，并且"销售数量"大于6的数据筛选出来；或者将"销售金额"大于30000的数据筛选出来。

	A	B	C	D	E
43	2021/10/18	王晓	销售3部	华为手机	10
44	2021/10/20	杨帆	销售1部	华为手机	2
45	2021/10/24	李明	销售1部	电话手表	3
46	2021/10/26	赵亮	销售3部	电话手表	6
47	2021/11/1	李明	销售1部	蓝牙耳机	9
48	2021/11/12	张志清	销售2部	蓝牙耳机	8
49	2021/11/16	杨帆	销售1部	音乐耳机	2
50	2021/11/24	王晓	销售3部	电话手表	9
51	2021/11/28	赵亮	销售1部	华为手机	5
53	销售员	销售数量	销售金额		
54	王晓	>6			
55			>30000		

图7-30

STEP 2 选中表格中任意单元格，在"数据"选项卡中单击"高级"按钮，如图7-31所示。

	A	B	C	D
1	销售日期	销售员	销售部门	商品名称
2	2021/5/1	李明	销售1部	华为手机
3	2021/5/4	赵亮	销售3部	蓝牙耳机
4	2021/5/8	李明	销售1部	音乐耳机

图7-31

应用秘技

设置筛选条件时，当条件都在同一行时，表示"与"关系，当条件不在同一行时，表示"或"关系。

STEP 3 打开"高级筛选"对话框，在"方式"栏中，可以设置筛选结果存放的位置，这里选中"在原有区域显示筛选结果"单选按钮❶，然后设置"列表区域"❷和"条件区域"❸，单击"确定"按钮❹，如图7-32所示。

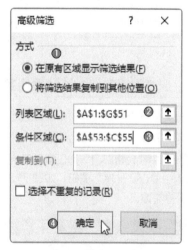

图7-32

STEP 4 操作完成后即可将符合条件的数据筛选出来，如图7-33所示。

	A	B	C	D	E	F	G
1	销售日期	销售员	销售部门	商品名称	销售数量	销售单价	销售金额
10	2021/6/6	赵亮	销售3部	华为手机	5	¥7,208.00	¥36,040.00
13	2021/6/22	李明	销售3部	华为手机	11	¥3,360.00	¥36,960.00
15	2021/6/29	杨帆	销售1部	华为手机	9	¥5,100.00	¥45,900.00
18	2021/7/11	王晓	销售3部	电话手表	7	¥300.00	¥2,100.00
21	2021/7/29	王晓	销售3部	华为手机	7	¥4,500.00	¥31,500.00
23	2021/8/9	李明	销售1部	华为手机	10	¥3,100.00	¥31,000.00
30	2021/9/3	李明	销售1部	华为手机	12	¥3,899.00	¥46,788.00
31	2021/9/6	王晓	销售3部	电话手表	11	¥150.00	¥1,650.00
35	2021/9/20	马宇	销售3部	华为手机	9	¥3,899.00	¥35,091.00
43	2021/10/18	王晓	销售3部	华为手机	10	¥2,500.00	¥25,000.00
50	2021/11/24	王晓	销售3部	电话手表	9	¥150.00	¥1,350.00
53	销售员	销售数量	销售金额				
54	王晓	>6					
55			>30000				

图7-33

创建筛选条件时，其列标题必须与需要筛选的表格数据的列标题一致，否则无法筛选出正确的结果。

图7-34

STEP 5 如果用户想要将筛选结果复制到其他位置，则可以在"高级筛选"对话框中选中"将筛选结果复制到其他位置"单选按钮，并设置"列表区域""条件区域""复制到"的位置，单击"确定"按钮，如图 7-34 所示。

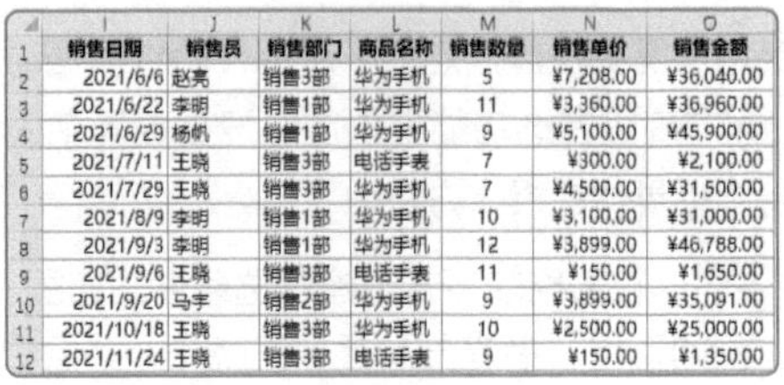

STEP 6 操作完成后即可将筛选结果复制到所选位置，如图 7-35 所示。

图7-35

7.3 汇总分析商品销售明细表

用户可以按照某个字段对商品销售明细表中的数据进行分类汇总。下面将进行详细介绍。

7.3.1 按"销售部门"统计销售金额

微课视频

单项分类汇总，就是按照一个字段进行分类汇总，下面将介绍如何按照"销售部门"字段进行分类汇总。

STEP 1 选中"销售部门"列任意单元格，在"数据"选项卡中单击"升序"按钮，如图 7-36 所示，将其进行升序排序。

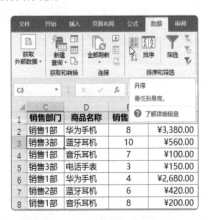

图7-36

STEP 2 在"数据"选项卡的"分级显示"选项组中单击"分类汇总"按钮，如图 7-37 所示。

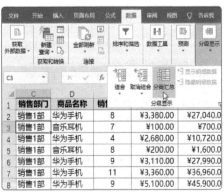

图7-37

STEP 3 打开"分类汇总"对话框，将"分类字段"设置为"销售部门"❶，将"汇总方式"设置为"求和"❷，在"选定汇总项"列表框中勾选"销售金额"复选框❸，单击"确定"按钮❹，如图 7-38 所示。

STEP 4 可以看到系统已按照"销售部门"字段对"销售金额"进行了分类汇总操作，如图 7-39 所示。

图7-38

图7-39

		C	D	E	F	G
	1	销售部门	商品名称	销售数量	销售单价	销售金额
+	20	销售1部 汇总				¥260,908.00
+	36	销售2部 汇总				¥93,133.00
+	54	销售3部 汇总				¥154,590.00
-	55	总计				¥508,631.00

图7-40

应用秘技

在二级数据表中，如果想显示某个销售部门
的明细数据，可在表格左侧区域中单击相应 ➕ 按
钮，图7-41所示的是销售2部的明细数据。

		C	D	E	F	G
	1	销售部门	商品名称	销售数量	销售单价	销售金额
+	20	销售1部 汇总				¥260,908.00
	21	销售2部	蓝牙耳机	6	¥420.00	¥2,520.00
	22	销售2部	蓝牙耳机	4	¥420.00	¥1,680.00
	34	销售2部	电话手表	10	¥300.00	¥3,000.00
	35	销售2部	蓝牙耳机	8	¥420.00	¥3,360.00
-	36	销售2部 汇总				¥93,133.00
+	54	销售3部 汇总				¥154,590.00
-	55	总计				¥508,631.00

图7-41

7.3.2 按"销售员"和"商品名称"分类汇总

微课视频

当处理的数据比较复杂时，用户可以设置两个或多个字段进行分类汇总。下面介绍先按照
"销售员"字段进行分类汇总，然后在此基础上按照"商品名称"字段进行分类汇总的操作。

STEP 1　选中"销售员"列任意单元格，在"数
据"选项卡中单击"排序"按钮，打开"排序"
对话框。设置"主要关键字"为"销售员"❶，
"次序"为"升序"❷，单击"添加条件"按钮❸，
如图 7-42 所示。

图7-42

STEP 2　将"次要关键字"设为"商品名称"，"次
序"为"升序"，单击"确定"按钮，如图 7-43 所示。

图7-43

STEP 3　在"数据"选项卡中单击"分类汇总"按
钮，打开"分类汇总"对话框。将"分类字段"设为"销
售员"❶，在"选定汇总项"列表框中勾选"销售金额"
复选框❷，单击"确定"按钮❸，如图 7-44 所示。

STEP 4　再次打开"分类汇总"对话框，将"分类
字段"设置为"商品名称"❶，并取消勾选"替换当
前分类汇总"复选框❷，单击"确定"按钮❸，如图 7-45
所示。

第 **7** 章　数据的分析与处理

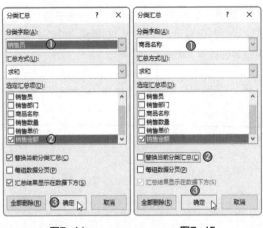

图7-44　　　　　　　　　图7-45

STEP 5　此时，可以看到系统按照"销售员"和"商品名称"字段，对"销售金额"进行分类汇总，如图7-46所示。

销售日期	销售员	销售部门	商品名称	销售数量	销售单价	销售金额
2021/10/24	李明	销售1部	电话手表	3	¥150.00	¥450.00
			电话手表 汇总			¥450.00
2021/5/1	李明	销售1部	华为手机	8	¥3,380.00	¥27,040.00
2021/5/16	李明	销售1部	华为手机	4	¥2,680.00	¥10,720.00
2021/6/10	李明	销售1部	华为手机	9	¥3,110.00	¥27,990.00
2021/6/22	李明	销售1部	华为手机	11	¥3,360.00	¥36,960.00
2021/8/9	李明	销售1部	华为手机	10	¥3,100.00	¥31,000.00
2021/9/3	李明	销售1部	华为手机	12	¥3,899.00	¥46,788.00
			华为手机 汇总			¥180,498.00
2021/8/15	李明	销售1部	蓝牙耳机	4	¥560.00	¥2,240.00
2021/9/9	李明	销售1部	蓝牙耳机	3	¥420.00	¥1,260.00
2021/11/1	李明	销售1部	蓝牙耳机	9	¥420.00	¥3,780.00
			蓝牙耳机 汇总			¥7,280.00
2021/5/8	李明	销售1部	音乐耳机	7	¥100.00	¥700.00
			音乐耳机 汇总			¥700.00
	李明 汇总					¥188,928.00

图7-46

微课视频

7.3.3　复制分类汇总结果

创建分类汇总后，用户可根据需要将汇总的结果复制到一张新的工作表中。下面将介绍具体的操作方法。

STEP 1　在汇总结果中，选择需要复制的分类汇总级别，例如选择2级，如图7-47所示。

	销售员	销售部门	商品名称	销售数量	销售单价	销售金额
17	李明 汇总					¥188,928.00
29	马宇 汇总					¥51,151.00
44	王晓 汇总					¥90,800.00
56	杨帆 汇总					¥71,980.00
69	张志清 汇总					¥41,982.00
81	赵亮 汇总					¥63,790.00
82	总计					¥508,631.00

图7-47

STEP 2　在"开始"选项卡的"编辑"选项组中单击"查找和选择"下拉按钮❶，从列表中选择"定位条件"选项❷，如图7-48所示。

图7-48

STEP 3　打开"定位条件"对话框，选中"可见单元格"单选按钮，单击"确定"按钮，如图7-49所示。

STEP 4　返回工作表，按【Ctrl+C】组合键对选定区域进行复制，如图7-50所示。

图7-49

	销售员	销售部门	商品名称	销售数量	销售单价	销售金额
17	李明 汇总					¥188,928.00
29	马宇 汇总					¥51,151.00
44	王晓 汇总					¥90,800.00
56	杨帆 汇总					¥71,980.00
69	张志清 汇总					¥41,982.00
81	赵亮 汇总					¥63,790.00
82	总计					¥508,631.00

图7-50

STEP 5　新建工作表，选中A1单元格，右击，从弹出的快捷菜单中选择"值"命令，即可完成复制操作，如图7-51所示。

图7-51

STEP 6 对复制后的表格内容稍加调整，其效果如图 7-52 所示。

	A	B
1	销售员	销售金额
2	李明	188928
3	马宇	51151
4	王晓	90800
5	杨帆	71980
6	张志清	41982
7	赵亮	63790
8	总计	508631
9		

图7-52

应用秘技

如果用户需要删除对数据的分类汇总，则打开“分类汇总”对话框，单击“全部删除”按钮即可，如图7-53所示。

图7-53

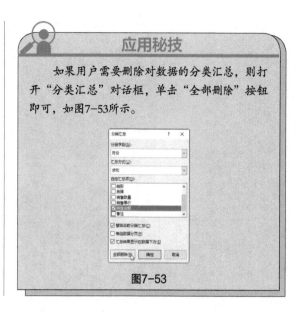

疑难解答

Q：如何按颜色进行排序？

A：在“数据”选项卡中单击“排序”按钮，打开“排序”对话框。设置“主要关键字”，将“排序依据”设置为“单元格颜色”，在“次序”列表中选择色块，如图7-54所示。然后单击“添加条件”按钮，设置各颜色排序，单击“确定”按钮即可，如图7-55所示。

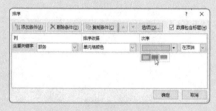

图7-54

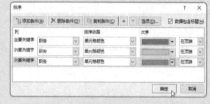

图7-55

Q：如何管理已经创建的条件格式？

A：选中应用条件格式的单元格，在“开始”选项卡中单击“条件格式”下拉按钮，从列表中选择“管理规则”选项，打开“条件格式规则管理器”对话框，可以对当前条件格式进行新建、编辑或删除操作，如图7-56所示。

Q：如何清除分级显示？

A：在“数据”选项卡中单击“取消组合”下拉按钮，从列表中选择“清除分级显示”选项，如图7-57所示。

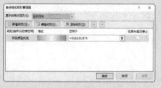

图7-56

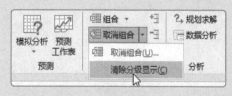

图7-57

第 8 章

数据的动态统计分析

数据透视表是 Excel 强大的数据处理工具，用户利用数据透视表可以迅速地将大量非表格数据转化成交互式的表格数据，以多种不同的方式展示数据特征。本章将以案例的形式，向用户介绍如何创建数据透视表和数据透视图，以及数据透视表的编辑、数据透视表的美化、切片器的使用等。

8.1 创建商品销售数据透视表

数据透视表有利于用户只需进行简单的操作就可以实现全方位的分析。下面将对其进行详细介绍。

8.1.1 根据商品销售明细表创建数据透视表

创建数据透视表的方法很简单，下面将介绍如何根据商品销售明细表创建数据透视表。

STEP 1 打开"商品销售明细表"工作表，选中表格中任意单元格，在"插入"选项卡的"表格"选项组中单击"数据透视表"按钮，如图 8-1 所示。

图8-1

STEP 2 打开"创建数据透视表"对话框，保持默认的"表 / 区域"内容，单击"确定"按钮，如图 8-2 所示。

图8-2

8.1.2 编辑数据透视表

STEP 3 系统会自动创建新工作表，并在此工作表中显示一张空白的数据透视表，同时打开"数据透视表字段"窗格，如图 8-3 所示。

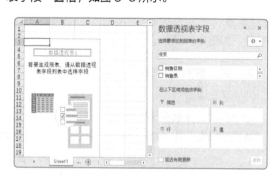

图8-3

STEP 4 在"数据透视表字段"窗格中，选中"销售员""商品名称""销售数量""销售金额"字段，此时这些字段的汇总数据将会添加至数据透视表中，如图 8-4 所示。

图8-4

数据透视表创建好后，用户可以根据需要对数据透视表进行相应的编辑操作。下面将进行详细介绍。

1. 移动数据透视表

STEP 1 选中数据透视表中的任意单元格，在"数据透视表工具 - 分析"选项卡的"操作"选项组中单击"移动数据透视表"按钮，如图 8-5 所示。

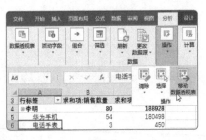

图8-5

图8-6

STEP 2 打开"移动数据透视表"对话框，从中选择放置数据透视表的位置，这里选中"现有工作表"单选按钮，并设置合适的位置，单击"确定"按钮，如图 8-6 所示。

STEP 3 操作完成后即可将数据透视表移动到设置的位置，如图 8-7 所示。

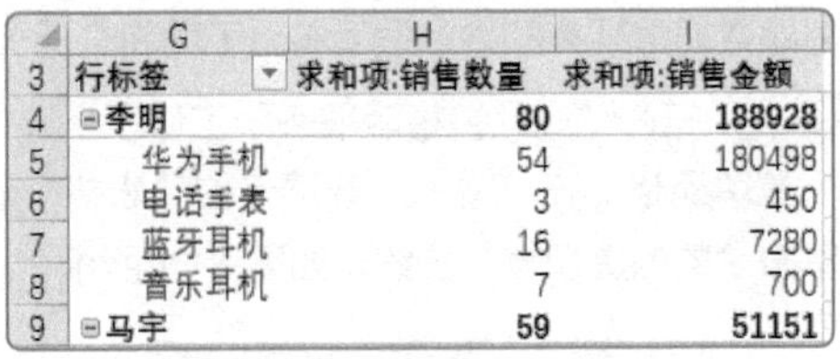

图8-7

2. 刷新数据透视表

（1）手动刷新

选中数据透视表中任意单元格，右击，从弹出的快捷菜单中选择"刷新"命令即可，如图8-8所示。或者在"数据透视表工具–分析"选项卡的"数据"选项组中单击"刷新"按钮，如图8-9所示。

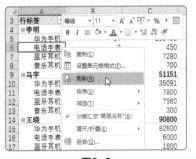

图8-8

图8-9

（2）自动刷新

STEP 1 选中数据透视表中任意单元格，在"数据透视表工具–分析"选项卡的"数据透视表"选项组中单击"选项"按钮，如图 8-10 所示。

图8-10

STEP 2 打开"数据透视表选项"对话框，选择"数

据"选项卡①，勾选"打开文件时刷新数据"复选框②，单击"确定"按钮③，如图 8-11 所示。此后，每当用户打开该数据透视表所在的工作簿时，数据透视表都会自动刷新。

图8-11

3. 删除数据透视表

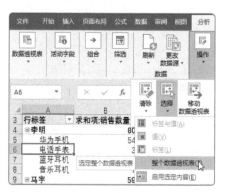

STEP 1 选中数据透视表中任意单元格，在"数据透视表工具－分析"选项卡的"操作"选项组中单击"选择"下拉按钮，从列表中选择"整个数据透视表"选项，如图8-12所示。

图8-12

STEP 2 整个数据透视表被选中，如图8-13所示。按【Delete】键，删除数据透视表。

图8-13

8.1.3 管理数据透视表字段

微课视频

创建数据透视表后，用户可以对数据透视表中的字段进行管理，例如，移动字段、重设字段名、折叠和展开字段、添加计算字段、更改字段汇总方式等。下面将进行详细介绍。

1. 移动字段

在"数据透视表字段"窗格中，单击"行"区域中的"商品名称"字段，如图8-14所示。从展开的列表中选择需要的选项，这里选择"上移"选项，如图8-15所示。操作完成后即可将"商品名称"字段移至"销售员"字段上方，如图8-16所示。

图8-14   图8-15   图8-16

用户可在"行"区域选中"商品名称"字段，向上拖动，将"商品名称"字段移至"销售员"字段上方，如图8-17所示。此时，数据透视表也会做出相应的调整，如图8-18所示。

图8-17

图8-18

2. 重设字段名

STEP 1 选中数据透视表中的标题字段，例如，"求和项：销售数量"，如图 8-19 所示。

图8-19

STEP 2 在编辑栏中输入新标题"销量"，如图 8-20 所示。按【Enter】键确认即可。

图8-20

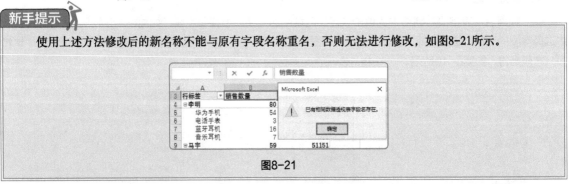
图8-21

3. 折叠和展开字段

（1）折叠字段

STEP 1 选中"商品名称"字段任意单元格，在"数据透视表工具–分析"选项卡中单击"折叠字段"按钮，如图 8-22 所示。

图8-22

STEP 2 操作完成后即可折叠活动字段的所有项，如图 8-23 所示。

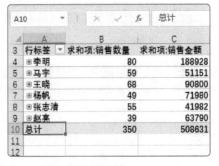
图8-23

用户可单击"销售员"字段前面的□按钮，如图8-24所示。操作完成后也可以将活动字段下的选项折叠起来，如图8-25所示。

3	行标签 ▼	求和项:销售数量	求和项:销售金额
4	⊟李明	80	188928
5	华为手机	54	180498
6	电话手表	3	450
7	蓝牙耳机	16	7280
8	音乐耳机	7	700
9	⊟马宇	59	51151
10	华为手机	9	35091
11	电话手表	31	7800
12	蓝牙耳机	16	7960
13	音乐耳机	3	300
14	⊟王晓	68	90800

图8-24

3	行标签 ▼	求和项:销售数量	求和项:销售金额
4	⊞李明	80	188928
5	⊟马宇	59	51151
6	华为手机	9	35091
7	电话手表	31	7800
8	蓝牙耳机	16	7960
9	音乐耳机	3	300
10	⊟王晓	68	90800
11	华为手机	29	82600
12	电话手表	30	6000
13	蓝牙耳机	5	1800
14	音乐耳机	4	400

图8-25

（2）展开字段

STEP 1 选中"销售员"字段任意单元格，右击，在弹出的快捷菜单中选择"展开/折叠"命令，并从其级联菜单中选择"展开"命令，如图8-26所示。

图8-26

STEP 2 操作完成后即可显示"马宇"字段的明细数据，如图8-27所示。

3	行标签 ▼	求和项:销售数量	求和项:销售金额
4	⊞李明	80	188928
5	⊟马宇	59	51151
6	华为手机	9	35091
7	电话手表	31	7800
8	蓝牙耳机	16	7960
9	音乐耳机	3	300
10	⊞王晓	68	90800
11	⊞杨帆	49	71980
12	⊞张志清	55	41982
13	⊞赵亮	39	63790
14	总计	350	508631

图8-27

用户可单击"销售员"字段前面的⊞按钮，如图8-28所示。操作完成后也可以显示明细数据，如图8-29所示。

3	行标签 ▼	求和项:销售数量	求和项:销售金额
4	⊞李明	80	188928
5	⊞马宇	59	51151
6	⊞王晓	68	90800
7	⊞杨帆	49	71980
8	⊞张志清	55	41982
9	⊞赵亮	39	63790
10	总计	350	508631

图8-28

3	行标签 ▼	求和项:销售数量	求和项:销售金额
4	⊟李明	80	188928
5	华为手机	54	180498
6	电话手表	3	450
7	蓝牙耳机	16	7280
8	音乐耳机	7	700
9	⊞马宇	59	51151
10	⊞王晓	68	90800
11	⊞杨帆	49	71980
12	⊞张志清	55	41982

图8-29

应用秘技

如果用户希望去掉数据透视表中各字段项的"+"或"-"按钮，则可以在"数据透视表工具-分析"选项卡的"显示"选项组中单击"+/-按钮"按钮，如图8-30所示。

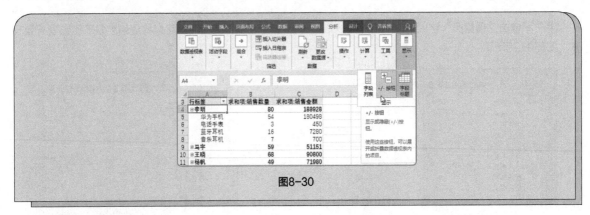

图8-30

4. 添加计算字段

STEP 1 选中"求和项：销售金额"字段所在单元格，在"数据透视表工具 – 分析"选项卡的"计算"选项组中单击"字段、项目和集"下拉按钮，从列表中选择"计算字段"选项，如图 8-31 所示。

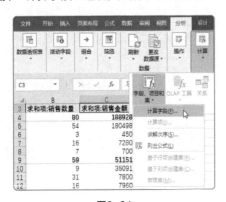

图8-31

STEP 2 打开"插入计算字段"对话框，在"名称"文本框中输入"价格"，如图 8-32 所示。

图8-32

STEP 3 将"公式"文本框中的数据"=0"清除，在"字段"列表框中双击"销售金额"字段，输入"/"，再双击"销售数量"字段，得到计算"价格"的公式，单击"添加"按钮，将定义好的计算字段添加到数据透视表中，单击"确定"按钮，如图 8-33 所示。

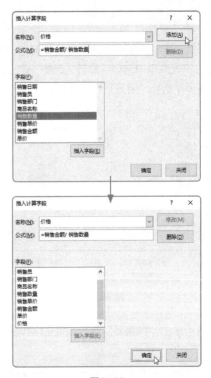

图8-33

STEP 4 此时数据透视表中新增了一个"求和项：价格"字段，如图 8-34 所示。

图8-34

第8章 数据的动态统计分析

5. 更改字段汇总方式

STEP 1 在"数据透视表字段"窗格中选中"销售金额"字段，如图 8-35 所示，将其拖动至"值"区域，如图 8-36 所示。数据透视表中随即增加一个新的字段"求和项:销售金额 2"，如图 8-37 所示。

图8-35　　　　　图8-36

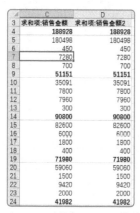

图8-37

STEP 2 选中"求和项:销售金额 2"字段标题，右击，在弹出的快捷菜单中选择"值字段设置"命令，如图 8-38 所示。

图8-38

STEP 3 打开"值字段设置"对话框，在"值汇总方式"选项卡中选择"最大值"计算类型，单击"确定"按钮，如图 8-39 所示。

图8-39

STEP 4 操作完成后即可将求和汇总方式更改为最大值汇总方式，如图 8-40 所示。

行标签	求和项:销售数量	求和项:销售金额	最大值项:销售金额2
⊟李明	80	188928	46788
华为手机	54	180498	46788
电话手表	3	450	450
蓝牙耳机	16	7280	3780
音乐耳机	7	700	700
⊟马宇	59	51151	35091

图8-40

8.1.4 美化数据透视表

为了使创建的数据透视表更具有美观性，用户可以对其进行适当的美化操作。下面将进行详细介绍。

1. 快速美化数据透视表

STEP 1 选中数据透视表中的任意单元格，在"数据透视表工具 - 设计"选项卡中，单击"数据透视表样式"选项组的"其他"按钮，在打开的列表中选择一款合适的样式，如图 8-41 所示。

STEP 2 此时，数据透视表样式已发生了相应的变化，如图 8-42 所示。

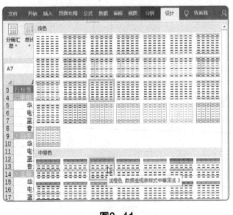

图8-41

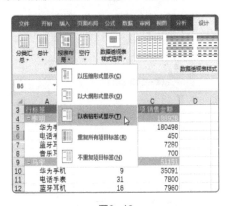

图8-42

2. 调整数据透视表显示方式

在数据透视表中，用户可对数据透视表的显示方式进行调整。选中数据透视表中任意单元格，在"数据透视表工具-设计"选项卡的"布局"选项组中单击"报表布局"下拉按钮，在打开的列表中选择合适的报表显示方式即可，默认"以压缩形式显示"，这里选择"以表格形式显示"选项，如图8-43所示。选中后，数据透视表即以表格形式显示，如图8-44所示。

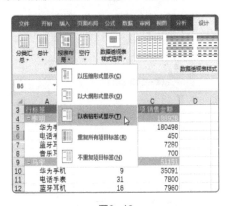

图8-43

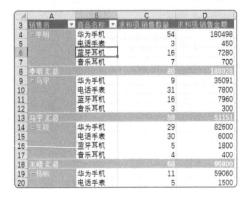

图8-44

除了以上介绍的报表布局显示方式外，用户还可以对数据透视表中的汇总项以及总计项的显示方式进行调整。用户在"数据透视表工具-设计"选项卡的"布局"选项组中单击相应的按钮，在打开的列表中进行选择即可，图8-45所示是"分类汇总"列表，图8-46所示是"总计"列表。

图8-45

图8-46

8.2 分析商品销售数据透视表

用户通常需要对数据透视表进行分析，此时会用到排序、筛选等操作。下面将进行详细介绍。

8.2.1 按"销售员"字段排序

在数据透视表中也可以对数据进行排序操作，下面将介绍如何按"销售员"字段进行排序。

在数据透视表中单击"销售员"字段下拉按钮，从列表中选择"降序"选项，如图8-47所示。

或者选中"销售员"字段任意单元格，右击，从弹出的快捷菜单中选择"排序"命令，并从其级联菜单中选择"降序"命令，如图8-48所示。

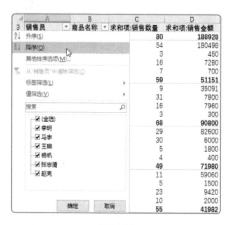

图8-47

图8-48

8.2.2 使用切片器筛选数据

切片器是一种浮动在数据透视表之上，以直观的交互方式来实现数据透视表中数据的快速筛选的工具。下面将介绍如何使用切片器筛选数据。

1. 插入切片器

STEP 1 选中数据透视表中任意单元格，在"数据透视表工具-分析"选项卡中单击"插入切片器"按钮，如图8-49所示。

STEP 2 打开"插入切片器"对话框，勾选"销售员"和"商品名称"复选框，单击"确定"按钮，如图8-50所示。

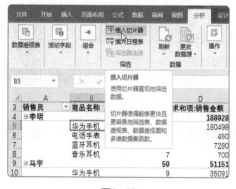

图8-49

图8-50

STEP 3 返回数据透视表，即可查看插入的切片器，如图 8-51 所示。

图8-51

2. 使用切片器筛选数据

STEP 1 在"销售员"切片器中选择"杨帆"选项，即可将"销售员"是"杨帆"的数据筛选出来，如图 8-52 所示。

图8-52

STEP 2 在"商品名称"切片器中选择"电话手表"选项，即可将"商品名称"是"电话手表"的数据筛选出来，如图 8-53 所示。

图8-53

应用秘技

如果需要删除切片器，将其选中，按【Delete】键即可。

8.3 创建商品销售数据透视图

数据透视图是数据透视表内数据的一种表现方式，它可以通过图形的方式直观地、形象地展示数据。下面将对其进行详细介绍。

8.3.1 创建数据透视图

数据透视图的创建方法有两种，下面将分别对其操作进行详细介绍。

1. 同时创建数据透视表和数据透视图

STEP 1 打开"商品销售明细表"工作表，选中表格中任意单元格，在"插入"选项卡的"图表"选项组中单击"数据透视图"按钮，如图 8-54 所示。

STEP 2 打开"创建数据透视图"对话框，保持各选项为默认状态，单击"确定"按钮，如图 8-55 所示。

图8-54

图8-55

STEP 3 在新工作表中随即会创建一个空白的数据透视表和数据透视图，并打开"数据透视图字段"窗格，如图 8-56 所示。

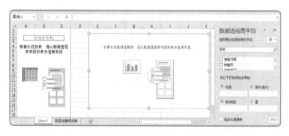

图8-56

STEP 4 在"数据透视图字段"窗格中，将"选择

2. 在数据透视表的基础上创建数据透视图

STEP 1 选中数据透视表中任意单元格，在"数据透视表工具 - 分析"选项卡的"工具"选项组中单击"数据透视图"按钮，如图 8-60 所示。

要添加到报表的字段"列表中"销售员"字段拖动至"轴（类别）"区域，如图 8-57 所示。

图8-57

STEP 5 将"销售金额"字段拖动至"值"区域，如图 8-58 所示。

图8-58

STEP 6 完成数据透视表及数据透视图的创建操作，结果如图 8-59 所示。

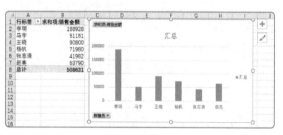

图8-59

STEP 2 打开"插入图表"对话框，选择合适的图表类型，单击"确定"按钮，如图 8-61 所示。

 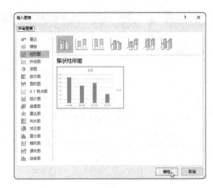

图8-60　　　　　　　　　　　　　图8-61

STEP 3 此时在工作表中已经插入了所选类型的数据透视图，如图 8-62 所示。

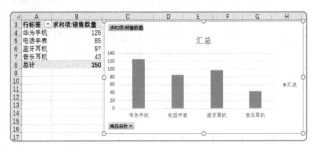

图8-62

8.3.2 │ 使用数据透视图筛选数据

　　创建数据透视图后，用户可以根据需求在数据透视图中进行数据筛选，以便更加便捷地获取有用信息。下面将介绍如何将"蓝牙耳机"和"音乐耳机"筛选出来。

STEP 1 选中数据透视图，单击左下角"商品名称"下拉按钮，如图 8-63 所示。从列表中取消勾选"全选"复选框，并勾选"蓝牙耳机"和"音乐耳机"复选框，单击"确定"按钮，如图 8-64 所示。

STEP 2 操作完成后即可在数据透视图中将数据筛选出来，如图 8-65 所示。

图8-64

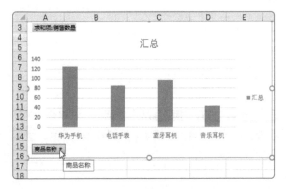

图8-63

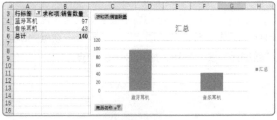

图8-65

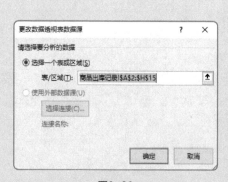

Q：如何更改数据源？

A：在编辑数据透视表时，为了使数据更准确、合理，用户需要及时更改数据源以更新数据透视表。更改数据源的具体操作如下。打开数据透视表，在"数据透视表工具-分析"选项卡的"数据"选项组中单击"更改数据源"按钮，从列表中选择"更改数据源"选项。打开"更改数据透视表数据源"对话框，选择数据源即可，如图8-66所示。

Q：如何恢复误删的源数据？

A：在创建好数据透视表或数据透视图后，误删了源数据，用户可按照以下方法恢复源数据：右击数据透视表中任意单元格，在快捷菜单中选择"数据透视表选项"命令，打开"数据透视表选项"对话框，切换至"数据"选项卡，勾选"启用显示明细数据"复选框，如图8-67所示，单击"确定"按钮返回，双击数据透视表区域最后一个单元格。

图8-66   图8-67

Q：为什么无法创建数据透视表？

A：无法创建数据透视表，通常是因为数据源不规范。规范的数据源具有以下几个特点。

● 工作簿名称不包含非法字符。
● 数据源不包含空白数据行和列，不包含多层表头，有且仅有一个标题行。
● 数据源列字段名称不重复，不包含由已有字段计算得出的字段。
● 数据源不包含对数据汇总的小计行，不包含合并单元格。
● 数据源中的数据格式统一、规范。
● 能在一个工作表中放置的数据源，没有拆分到多个工作表中。
● 能在一个工作簿中放置的数据源，没有拆分到多个工作簿中。

第 9 章

数据的直观化展示

　　图表可将报表数据更加直观地展示出来，让观众能够快速获取到所需的数据信息。Excel 为用户提供了丰富的图表类型，用户可以利用各种数据创建图表。本章将以案例的形式，向用户详细介绍图表的功能。

9.1 制作居民可支配收入图表

居民可支配收入图表直观地展示了城镇和农村居民的每年可支配收入情况。下面将以制作居民可支配收入图表为例，来介绍各类图表的创建及美化操作。

9.1.1 根据数据创建图表

微课视频

图表有很多类型，用户需根据报表内容创建适合的图表。下面将介绍4种图表的创建方法，以供用户参考使用。

1. 创建基本图表

打开"居民可支配收入统计"工作簿。选中表格中任意单元格，在"插入"选项卡的"图表"选项组中单击"插入柱形图或条形图"下拉按钮，在列表中选择柱形图，如图9-1所示。选择后，即可在当前工作表中插入该柱形图，效果如图9-2所示。

图9-1

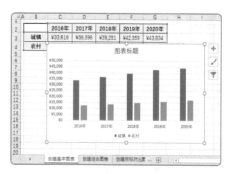

图9-2

应用秘技

用户如果无法确定使用哪一类图表，可使用"推荐的图表"功能来操作。具体操作为：选中表格中任意单元格，在"插入"选项卡中单击"推荐的图表"按钮，在打开的"插入图表"对话框中系统会对每种图表类型进行简单描述，从而帮助用户选择适合的图表类型，如图9-3所示。

此外，选中数据区域，按【Alt+F1】组合键，可快速创建一个图表；按F11键，可创建一个名为"Chart1"的工作表。

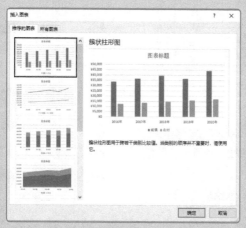

图9-3

2. 创建组合图表

当图表中有多种数据时，用户可以将不同的数据系列转换为不同的图表类型。具体操作方法如下。

STEP 1 选中表格内任意单元格，在“插入”选项卡中单击“推荐的图表”按钮，打开“插入图表”对话框，切换至“所有图表”选项卡，选择“组合图”选项，如图 9-4 所示。

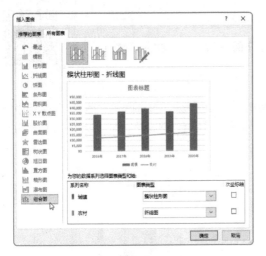

插入图表
推荐的图表
所有图表
簇状柱形图 - 折线图
图表标题
为您的数据系列选择图表类型和轴:
系列名称
图表类型
次坐标轴
城镇
簇状柱形图
农村
折线图
确定
取消

图9-4

STEP 2 在对话框右侧“为您的数据系列选择图表类型和轴”选项组中设置好两组数据系列的图表类型，如图 9-5 所示。

插入图表
自定义组合
带数据标记的折线图
确定
取消

图9-5

STEP 3 单击“确定”按钮，返回工作表中查看设置组合图表后的效果，如图 9-6 所示。

2016年
2017年
2018年
2019年
2020年
城镇
¥33,616
¥36,396
¥39,251
¥42,359
¥43,834
农村
图表标题

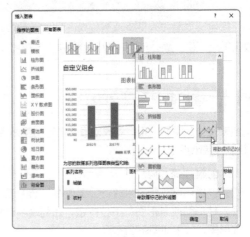

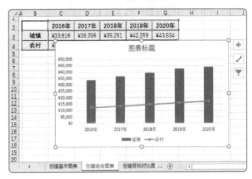

图9-6

3. 创建目标对比图表

柱形图主要用于表现数据之间的差异，下面将介绍如何利用柱形图来制作目标对比图。具体操作步骤如下。

STEP 1 选中 B2:C4 单元格区域，按住【Ctrl】键，选中 G2:G4 单元格区域，如图 9-7 所示。

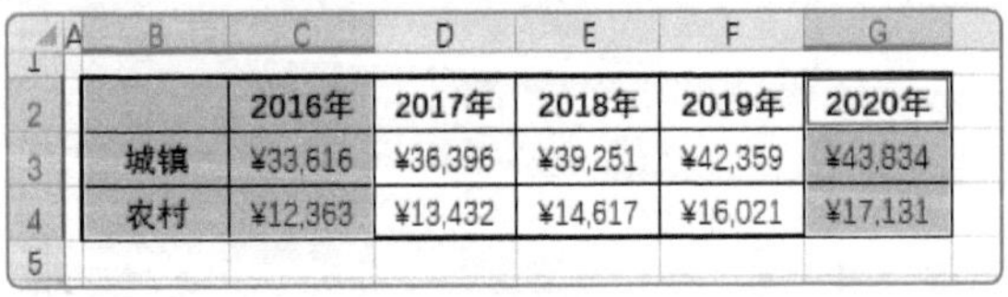

2016年
2017年
2018年
2019年
2020年
城镇
¥33,616
¥36,396
¥39,251
¥42,359
¥43,834
农村
¥12,363
¥13,432
¥14,617
¥16,021
¥17,131

图9-7

STEP 2 在“插入”选项卡的“图表”选项组中单击“插入柱形图或条形图”下拉按钮，创建一个简单的柱形图，如图 9-8 所示。

图表标题
2016年
2020年
城镇
农村

图9-8

STEP 3 在图表中选中“城镇”数据系列，右击，在快捷菜单中选择“设置数据系列格式”命令，如图 9-9 所示。

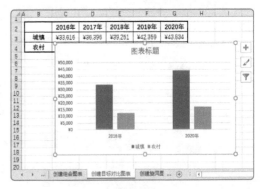

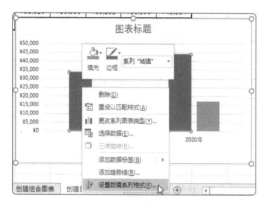

图9-9

图9-10

STEP 4 打开"设置数据系列格式"窗格,在"系列选项"区域设置"系列重叠"为100%,如图9-10所示。

STEP 5 此时,图表中两组数据系列将重叠在一起,如图9-11所示。关闭"设置数据系列格式"窗格,完成操作。

图9-11

4. 创建旋风图表

旋风图是Excel条形图的变形,即旋风图的两组数据共用横坐标,各自单独占用横坐标轴的正负坐标范围。下面介绍具体的创建旋风图表的操作方法。

STEP 1 选中任意单元格,创建一个简单的簇状条形图,如图9-12所示。

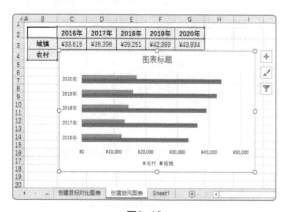

图9-12

STEP 2 在图表中选中"农村"数据系列,右击,在快捷菜单中选择"设置数据系列格式"命令,打开"设置数据系列格式"窗格。在"系列绘制在"选项组中选中"次坐标轴"单选按钮,如图9-13所示。

图9-13

STEP 3 此时用户可以看到图表中显示上、下两个坐标轴。右击下方坐标轴,在快捷菜单中选择"设置坐标轴格式"命令,如图9-14所示。

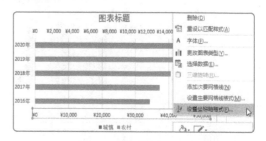

图9-14

STEP 4 在打开的"设置坐标轴格式"窗格中，将"最小值"设为"-50000.0"，将"最大值"设为"50000.0"，如图 9-15 所示。

STEP 5 返回工作表，选中上方坐标轴，在"设置坐标轴格式"窗格中将"最小值"设为"-20000.0"，将"最大值"设为"20000.0" ❶，然后勾选"逆序刻度值"复选框❷。至此，旋风图表制作完毕，结果如图 9-16 所示。

图9-15

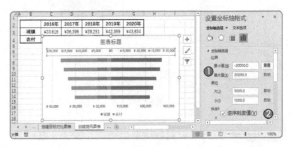

图9-16

9.1.2 编辑图表

图表创建完成后，通常会在图表中添加或删除一些元素，例如图表标题、网格线、数据系列等。下面将利用创建的柱形图来介绍编辑图表的一系列操作。

1. 设置图表标题

双击图表标题，输入标题内容，如图9-17所示。如果需要取消显示标题，单击图表右侧"图表元素"按钮 ❶，在列表中取消勾选"图表标题"复选框❷，如图9-18所示。

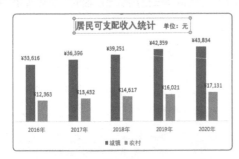

图9-17

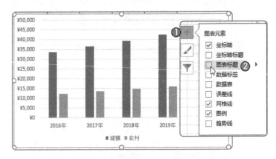

图9-18

2. 添加数据标签

为了能够使数据更加直观，用户可为图表添加数据标签。单击"图表元素"按钮，在列表中勾选"数据标签"复选框，如图9-19所示。

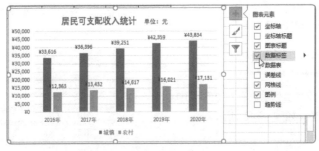

图9-19

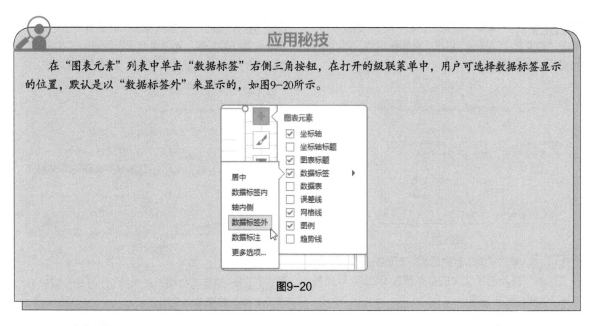

应用秘技

在"图表元素"列表中单击"数据标签"右侧三角按钮，在打开的级联菜单中，用户可选择数据标签显示的位置，默认是以"数据标签外"来显示的，如图9-20所示。

图9-20

3. 隐藏坐标轴及网格线

在"图表元素"列表中勾选"坐标轴"复选框并单击其右侧三角按钮，在打开的级联菜单中取消勾选"主要纵坐标轴"复选框，如图9-21所示。此时图表的纵坐标轴被隐藏，如图9-22所示。

图9-21

图9-22

在"图表元素"列表中取消勾选"网格线"复选框，可隐藏图表中的网格线，如图9-23所示。

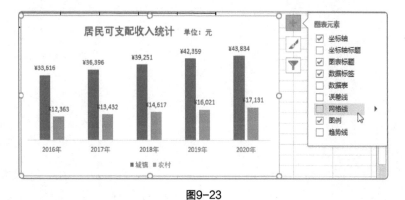

图9-23

4. 为图表添加数据系列

要在图表中新增2015年的数据，操作方法如下。

STEP 1 选中图表，在"图表工具－设计"选项卡中，单击"选择数据"按钮，打开"选择数据源"对话框，如图 9-24 所示。

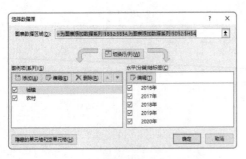

图9-24

STEP 2 单击"图表数据区域"右侧折叠按钮，返回工作表，重新选择图表的数据源为 B2:H4 单元格区域，如图 9-25 所示。

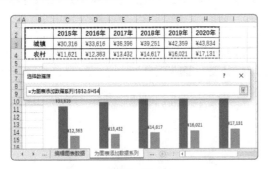

图9-25

STEP 3 返回"选择数据源"对话框，此时在"水平（分类）轴标签"列表中会显示新增的"2015 年"数据系列，单击"确定"按钮，如图 9-26 所示。

图9-26

STEP 4 返回工作表，新增的 2015 年数据已添加至图表中，如图 9-27 所示。

图9-27

应用秘技

创建图表后，用户还可以对其类型进行更改。具体操作为：选中图表，在"图表工具－设计"选项卡中单击"更改图表类型"按钮，在打开的"更改图表类型"对话框中选择所需类型，单击"确定"按钮即可，如图 9-28 所示。

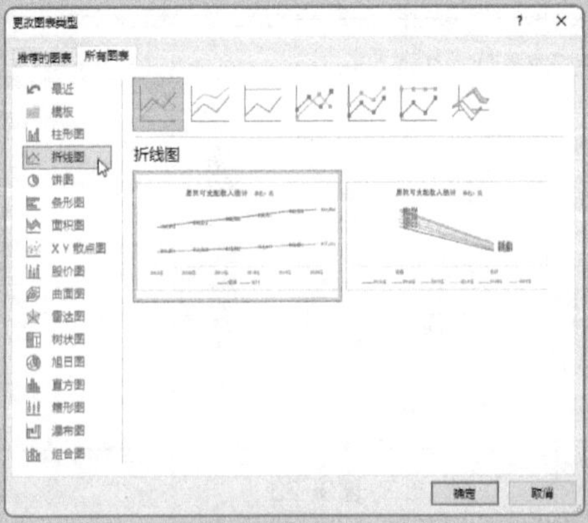

图9-28

9.1.3 | 美化图表

Excel内置了多套图表样式，用户可以直接套用。如果认为内置的样式不合适，用户也可以自定义图表样式。下面将介绍美化图表的操作。

1. 快速美化图表

STEP 1 选中图表，在"图表工具 – 设计"选项卡中单击"更改颜色"下拉按钮，从列表中选择一款满意的颜色，如图 9-29 所示。

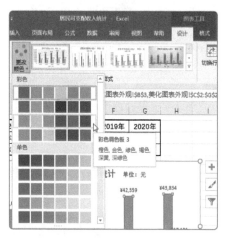

图9-29

STEP 2 此时当前数据系列的颜色将发生改变，如图 9-30 所示。

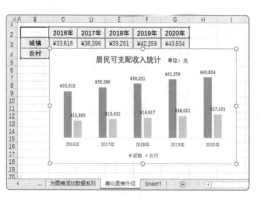

图9-30

2. 突出显示某一数据系列

STEP 1 单独选中要突出显示的数据条（单击两次，不是双击），在"图表工具 – 格式"选项卡中单击"形状填充"下拉按钮，在列表中选择满意的颜色，如图 9-32 所示。

STEP 3 在"图表工具 – 设计"选项卡的"图表样式"选项组中，单击"其他"下拉按钮，在列表中选择一款图表样式，即可套用至当前图表中，如图 9-31 所示。

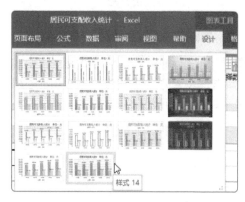

图9-31

STEP 4 由于套用了图表样式，所以之前设置好的图表元素格式会随之发生变化，这里需要重新对其元素的格式进行设置。

STEP 2 此时可以看到，被选中的数据条颜色已发生了改变，如图 9-33 所示。

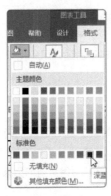

图9-32

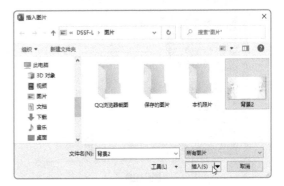

图9-33

3. 为图表添加背景图片

选中图表，在"图表工具－格式"选项卡中单击"形状填充"下拉按钮，从列表中选择"图片"选项，如图 9-34 所示。

第9章 数据的直观化展示

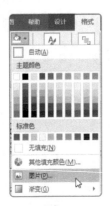

图9-34

STEP 2 在打开的"插入图片"对话框中选择所需的背景图片，单击"插入"按钮，如图 9-35 所示。

STEP 3 此时用户可看到添加的背景效果，如图 9-36 所示。

新手提示

图表分为图表区和绘图区两部分。以上操作是为整个图表添加背景。如果用户选择的是绘图区（数据系列区域），那么所做的操作只针对绘图区。

图9-35

图9-36

9.2 制作个人全年支出迷你图

用户可以将个人全年各项支出制作成迷你图，以便直观地反映每个月的支出趋势。下面将进行详细介绍。

9.2.1 根据数据创建迷你图

Excel为用户提供了3种迷你图类型，分别为折线、柱形和盈亏，用户可以根据需要进行创建。

1. 创建单个迷你图

STEP 1 打开"个人全年支出"工作表，选中 N2 单元格。在"插入"选项卡的"迷你图"选项组中单击"折线"按钮，如图 9-37 所示。

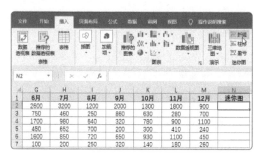

图9-37

STEP 2 打开"创建迷你图"对话框，单击"数据范围"右侧的折叠按钮，如图 9-38 所示。

STEP 3 返回工作表，选中 B2:M2 单元格区域，如图 9-39 所示。

STEP 4 再次单击折叠按钮，返回"创建迷你图"对话框，单击"确定"按钮，即可创建折线迷你图，如图 9-40 所示。

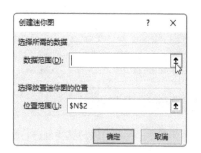

图9-38

图9-39

图9-40

2. 创建一组迷你图

STEP 1 选中 N2:N7 单元格区域，在"插入"选项卡的"迷你图"选项组中单击"柱形"按钮，如图 9-41 所示。

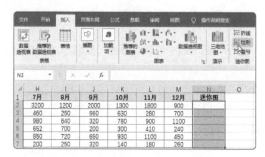

图9-41

STEP 2 打开"创建迷你图"对话框，将"数据范围"设置为 B2:M7 单元格区域，单击"确定"按钮，如图 9-42 所示。

图9-42

STEP 3 返回工作表，完成一组迷你图的创建操作，如图 9-43 所示。

	F	G	H	I	J	K	L	M	N
1	5月	6月	7月	8月	9月	10月	11月	12月	迷你图
2	1400	2600	3200	1200	2000	1300	1800	900	
3	600	750	460	250	860	630	280	700	
4	2100	1700	980	640	320	780	900	1100	
5	360	450	652	700	200	300	410	240	
6	1300	1600	850	720	650	930	1100	450	
7	130	100	200	250	320	140	180	260	

图9-43

新手提示

在一组迷你图中，如果想要选中一个单独的迷你图，则需要取消组合后再选择。具体操作为：在"迷你图工具-设计"选项卡中单击"取消组合"按钮，如图9-44所示。需要注意的是，取消组合后，仅将被选中的迷你图单独取消组合，其他迷你图还处于组合状态。

图9-44

9.2.2 更改迷你图类型

创建迷你图后，用户可以对其类型进行更改。下面将介绍具体的操作方法。

STEP 1 选中需要更改迷你图类型的 N2:N7 单元格区域，在"迷你图工具 - 设计"选项卡的"类型"选项组中单击"折线"按钮，如图 9-45 所示。

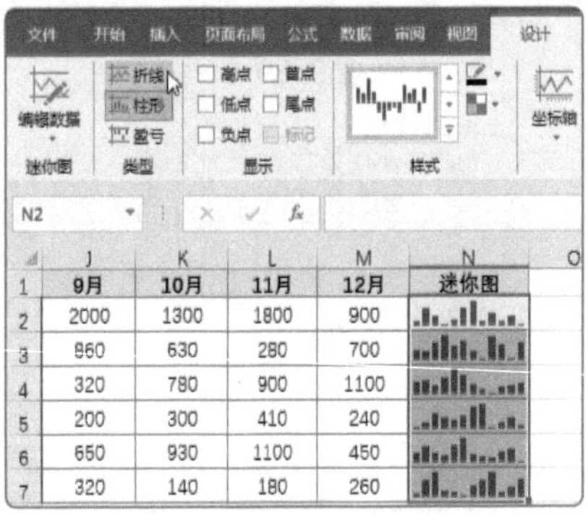

图9-45

STEP 2 此时，原柱形图已统一更改为折线图了，如图 9-46 所示。

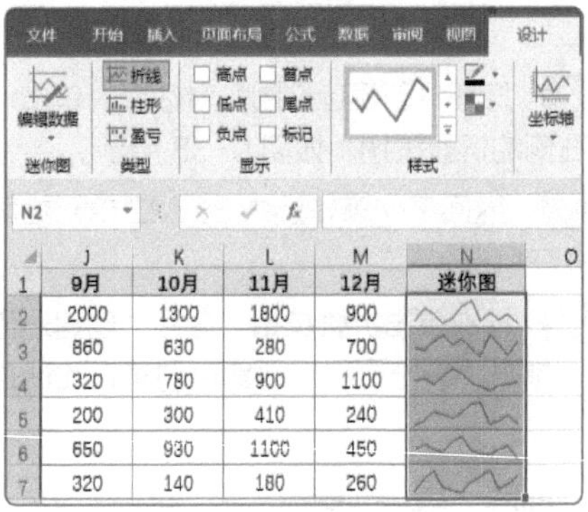

图9-46

9.2.3 添加迷你图数据点

为迷你图添加数据标记，可以更直观地反映数据的变化。

选中折线迷你图区域，在"迷你图工具-设计"选项卡的"显示"选项组中勾选"标记"复选框，此时折线迷你图各节点都会添加相应的标记，如图9-47所示。

标记数据点只针对折线迷你图，而高点、低点、负点、首点和尾点数据点可应用于折线迷你图、柱形迷你图和盈亏迷你图中。在表格中选中柱形迷你图区域，在"迷你图工具-设计"选项卡的"显示"选项组中，勾选"高点"和"低点"复选框，即可对柱形迷你图进行标记，如图9-48所示。

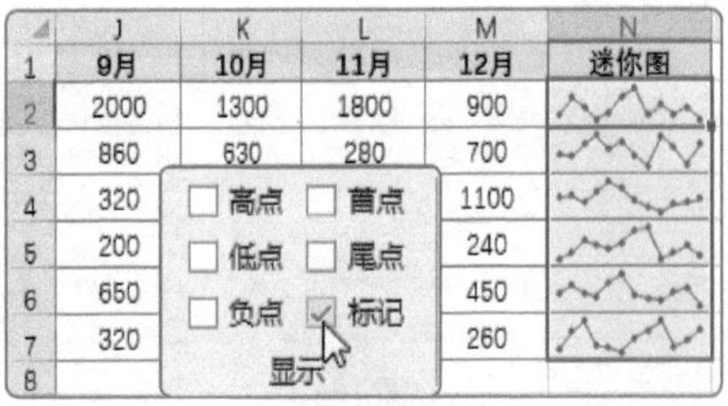

图9-47

图9-48

应用秘技

想要删除创建的迷你图，可先选中迷你图，然后在"迷你图工具-设计"选项卡中单击"清除"下拉按钮，在列表中根据需要选择删除选项，如图9-49所示。

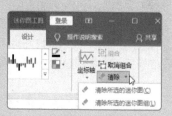

图9-49

9.2.4 美化迷你图

为了使迷你图看起来更加美观，用户可以对迷你图进行相应的美化操作。下面将进行详细介绍。

1. 快速美化迷你图

STEP 1 选中迷你图，在"迷你图工具 - 设计"选项卡中单击"样式"选项组的"其他"下拉按钮，从列表中选择合适的样式，如图9-50所示。

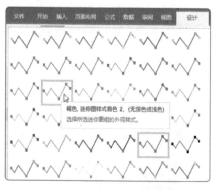

图9-50

STEP 2 操作完成后即可为迷你图套用所选样式，如图9-51所示。

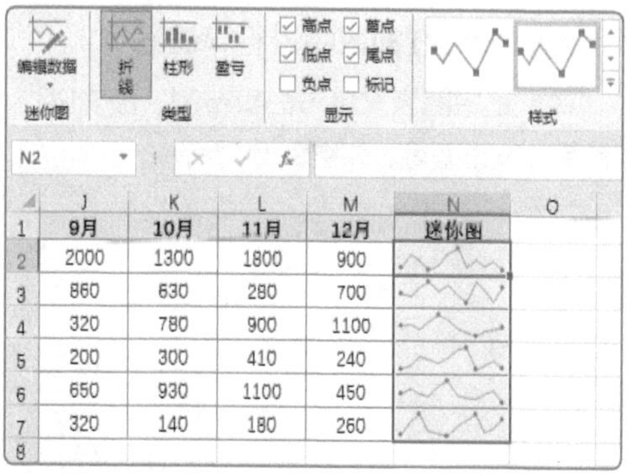

图9-51

2. 自定义迷你图样式

STEP 1 选中迷你图，在"迷你图工具 - 设计"选项卡中单击"迷你图颜色"下拉按钮，从列表中选择合适的颜色，如图9-52所示，即可更改迷你图的颜色。

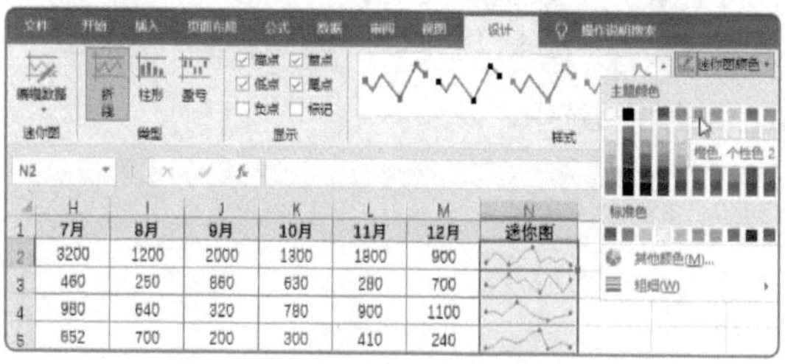

图9-52

STEP 2 在"迷你图工具 - 设计"选项卡中单击"标记颜色"下拉按钮，在列表中可以设置负点、标记、高点、低点、首点以及尾点的颜色，如图9-53所示。

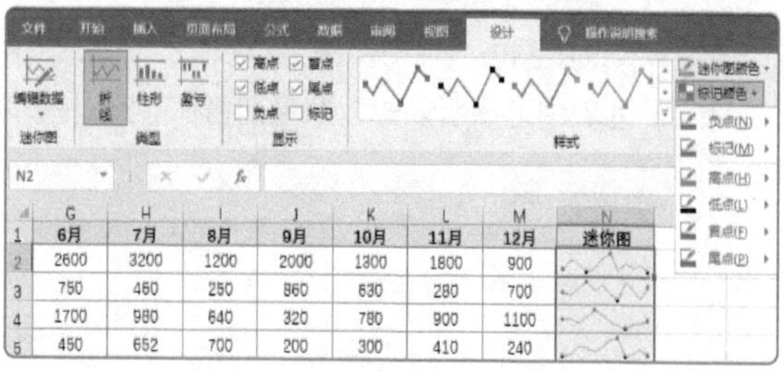

图9-53

129

疑难解答

Q：图表制作完成后，能否保存起来，日后再使用？

A：可以，用户将制作好的图表保存为模板即可。具体操作步骤如下。右击图表，在快捷菜单中选择"另存为模板"命令，打开"保存图表模板"对话框，输入文件名后单击"保存"按钮，如图9-54所示。此时，在"插入"选项卡中单击"推荐的图表"按钮，打开对话框，切换到"所有图表"选项卡，选择"模板"选项后即可查看保存的图表模板，选中该模板，单击"确定"按钮，如图9-55所示。

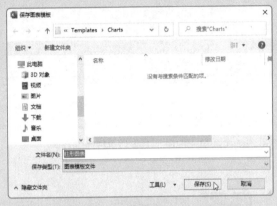

图9-54　　　　　　　　　　　图9-55

Q：如何在图表中进行筛选操作？

A：选中图表，单击图表右侧"图表筛选器"按钮，在打开的筛选列表中勾选相应复选框，单击"应用"按钮即可，如图9-56所示。

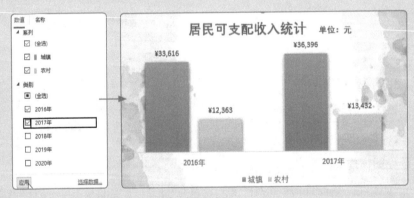

图9-56

Q：图表中的数据条重叠在一起，如何快速选中其中某一个数据系列呢？

A：选中图表，在"图表工具-格式"选项卡的"当前所选内容"选项组中单击"图表元素"下拉按钮，从列表中选择所需的数据系列名称，此时图表中该数据系列将被选中。

第 10 章

静态幻灯片的创建

　　PowerPoint 简称 PPT，是用于制作演示文稿的软件，它被广泛应用于现代办公领域。演示文稿中的每一页叫作幻灯片，每张幻灯片都是演示文稿中既相互独立又相互联系的内容。本章将从基础的知识开始，为用户讲解静态幻灯片的制作方法。

10.1 创建企业简介演示文稿

　　刚接触PowerPoint的用户，由于缺乏对PowerPoint的基本认识，想要独立制作一份完整的演示文稿是比较困难的。本节将向用户大致介绍演示文稿的基础操作，其中包括创建演示文稿和幻灯片的基本操作等。

10.1.1 创建演示文稿

　　启动PowerPoint应用程序，在开始界面中单击"空白演示文稿"按钮，如图10-1所示，即可创建一份以"演示文稿1"命名的空白演示文稿，如图10-2所示。

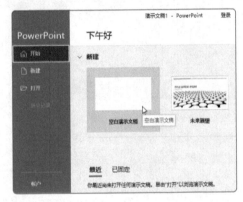

图10-1

图10-2

　　此外，PowerPoint提供了很多主题模板，用户也可以根据需要创建带有主题模板的演示文稿。

STEP 1 　启动 PowerPoint 应用程序，在开始界面中选择"新建"选项，打开"新建"界面，如图10-3 所示。

图10-3

STEP 2 　在列表中，用户可选择所需主题模板，或者输入关键字来获取模板，如图 10-4 所示。

STEP 3 　在打开的创建窗口中，单击"创建"按钮，如图 10-5 所示。

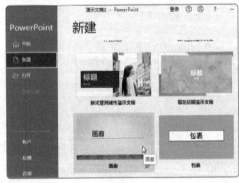

图10-4

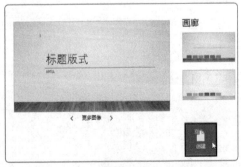

图10-5

STEP 4 系统将自动下载并打开该模板文档，结果如图 10-6 所示。

图10-6

STEP 5 在打开的模板文档中单击"单击此处添加标题"虚线框，输入标题内容，如图 10-7 所示。

图10-7

为了避免不可抗因素造成的文件丢失，用户需及时保存演示文稿。首次保存时，按【Ctrl+S】组合

键后，会打开"另存为"界面，在此单击"浏览"按钮，如图10-8所示。在打开的"另存为"对话框中，设置好保存的路径及文件名，单击"保存"按钮即可，如图10-9所示。此后再按【Ctrl+S】组合键即可实时保存文稿。

图10-8

图10-9

10.1.2 幻灯片的基本操作

微课视频

如果将演示文稿比作一本书，那么幻灯片就是这本书里的每一页。创建演示文稿后，接下来的操作基本都与幻灯片有关。例如设置幻灯片大小，幻灯片的新建、移动与复制、隐藏、查看等。

1. 设置幻灯片大小

PowerPoint 2016的幻灯片默认是以16：9的比例显示的，如果需要对该尺寸进行调整，可利用"幻灯片大小"功能进行操作。

STEP 1 打开企业简介素材文件，在"设计"选项卡的"自定义"选项组中单击"幻灯片大小"下拉按钮，在列表中可选择"标准（4:3）"选项，如图 10-10 所示。

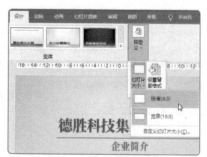

图10-10

STEP 2 在打开的对话框中单击"确保适合"按钮，如图 10-11 所示。

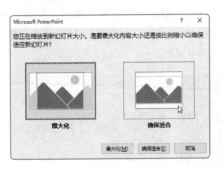

图10-11

图10-12

STEP 3 此时所有幻灯片大小都会发生变化，如图 10-12 所示。如果对幻灯片大小有特殊的要求，可在"幻灯片大小"列表中选择"自定义幻灯片大小"选项，在打开的对话框中通过设置"宽度"和"高度"来改变页面大小，如图 10-13 所示。

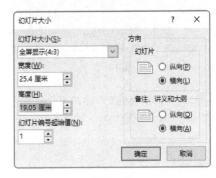

图10-13

2. 新建幻灯片

如果当前幻灯片数量不能满足需求，用户可新建幻灯片。

STEP 1 在导航窗格中右击幻灯片，在快捷键菜单中选择"新建幻灯片"命令，如图 10-14 所示。

图10-14

STEP 2 操作完成后，在被选幻灯片下方会插入新的空白幻灯片，如图 10-15 所示。

图10-15

应用秘技

使用以上方法新建的幻灯片，其版式均为默认版式。如果想要新建其他版式的幻灯片，可在"开始"选项卡中单击"新建幻灯片"下拉按钮①，在列表中选择一款满意的版式②，如图10-16所示。PowerPoint内置了多种页面版式，用户可以选择性使用。

第10章 静态幻灯片的创建

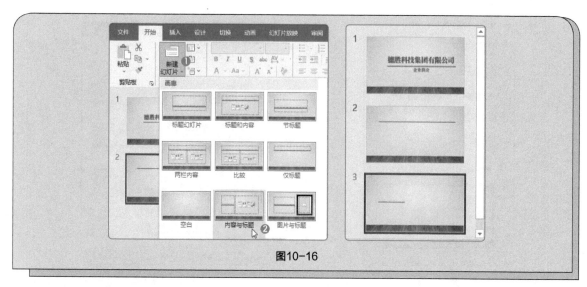

图10-16

3. 移动与复制幻灯片

如果需要对幻灯片的前后顺序进行调整，可对幻灯片进行移动或复制操作。

（1）移动幻灯片

选中需要移动的幻灯片，将其拖动至目标位置，此时幻灯片页码会重新编号，如图10-17所示。

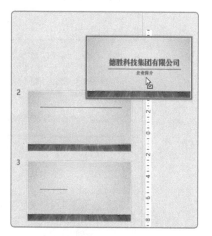

图10-17

（2）复制单张幻灯片

选中所需幻灯片，按【Ctrl+C】组合键复制，然后在目标位置按【Ctrl+V】组合键粘贴幻灯片即可，结果如图10-18所示。

应用秘技

除此方法外，用户还可以使用【Ctrl+D】组合键进行复制操作。具体操作为选中幻灯片，按【Ctrl+D】组合键，此时在被选幻灯片下方会显示相同幻灯片。

（3）复制多张幻灯片

同时选中多张幻灯片，在"开始"选项卡的"幻灯片"选项组中，单击"新建幻灯片"下拉按钮，在列表中选择"复制选定幻灯片"选项，可同时复制多张幻灯片，如图10-19所示。

图10-18

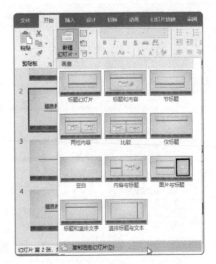

图10-19

4．隐藏幻灯片

如果想要隐藏某张幻灯片，可选中该幻灯片，右击，在快捷菜单中选择"隐藏幻灯片"命令，如图10-20所示。此时被选幻灯片左上角页码处会显示"\"图标，同时在导航窗格中该幻灯片会以半透明状态显示，这就说明该幻灯片已被隐藏，如图10-21所示。

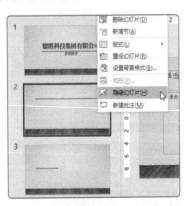

图10-20

图10-21

5．幻灯片查看模式

PowerPoint为用户提供了多种幻灯片查看模式，常用的有普通视图、幻灯片浏览、阅读视图以及幻灯片放映这4种模式，如图10-22所示。用户在状态栏中单击相应视图按钮即可切换模式。

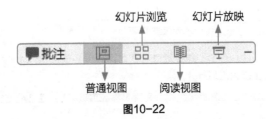

图10-22

（1）普通视图：该模式为幻灯片默认查看模式，用户可以通过左侧导航窗格浏览幻灯片，也可以直接单击编辑区中任意位置，滑动鼠标中键来浏览幻灯片。

（2）幻灯片浏览：在该模式下，用户可查看所有幻灯片整体效果；同时还可对幻灯片的顺序进行调整，例如新建、复制、删除幻灯片等；但无法更改幻灯片中的内容。该模式下的效果如图10-23所示。

（3）阅读视图：在该模式下，用户可查看当前幻灯片中所有动画效果以及页面之间的切换效果，如图10-24所示。

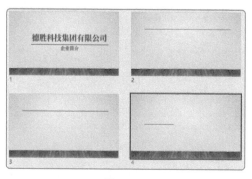

图10-23

图10-24

（4）幻灯片放映：该模式与阅读视图模式相似，它们都以放映模式来展示幻灯片，其中包括动画、切换效果等。唯一不同之处在于，阅读视图模式下以窗口模式进行放映，而幻灯片放映模式下则以全屏模式进行放映。

10.2 制作新品上市宣传演示文稿

在了解演示文稿与幻灯片的基本操作后，接下来就可以制作演示文稿的内容了。下面将通过制作新品上市宣传演示文稿，向用户介绍设置幻灯片背景、图形、图表、流程图的应用操作。

10.2.1 利用母版设置幻灯片背景

使用母版功能可以快速统一幻灯片背景，达到事半功倍的效果。

STEP 1 新建空白演示文稿。在"视图"选项卡中单击"幻灯片母版"按钮，打开幻灯片母版视图界面，如图 10-25 所示。

图10-25

STEP 2 选中第 1 张母版页，在"幻灯片母版"选项卡中单击"背景样式"下拉按钮❶，在列表中选择"设置背景格式"选项❷，如图 10-26 所示。

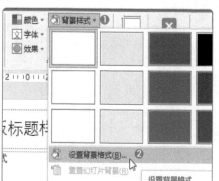
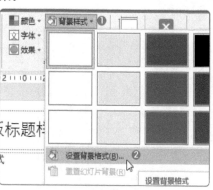

图10-26

STEP 3 打开"设置背景格式"窗格，选中"图片或纹理填充"单选按钮，在"图片源"列表中单击"插入"按钮，如图 10-27 所示。

STEP 4 打开"插入图片"对话框，选择图片后，单击"插入"按钮，在打开的"插入图片"对话框中选择背景图片，如图 10-28 所示。

图10-27

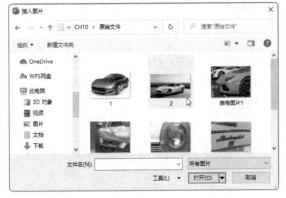

图10-28

STEP 5 选中的图片随即被插入幻灯片。在"设置背景格式"窗格中修改"透明度"为"90%"，如图 10-29 所示。

图10-29

STEP 6 关闭"设置背景格式"窗格，查看背景图效果，如图 10-30 所示。

图10-30

应用秘技

幻灯片母版视图中，第1张幻灯片为母版式页，其余幻灯片为子版式页。在母版式页中添加的元素会应用于其他子版式页中；而在子版式页中添加的元素，只应用于当前页，不会影响其他版式页。此外，在母版式页中添加的元素，在子版式页中是无法被选中编辑的。

STEP 7 选中第 2 张子版式页（标题幻灯片 版式）①，单击"背景样式"下拉按钮，从列表中选择"样式 1"②，如图 10-31 所示。

图10-31

STEP 8 单击"关闭母版视图"按钮，返回普通视图。至此幻灯片背景设置完成。

10.2.2 制作封面幻灯片

设置好幻灯片背景后，下面将开始制作封面幻灯片。在制作过程中所涉及的命令有图片的插入、图片背景去除、图形的绘制、文字格式设置等。

微课视频

STEP 1 在普通视图中,选中标题占位符,按【Delete】键将其删除。将"1"图片素材拖至幻灯片中。选中图片右下角控制点,拖动该控制点至合适位置,如图 10-32 所示。

图10-32

STEP 2 完成图片缩放操作后,选中图片,在"图片工具 - 格式"选项卡中单击"旋转对象"下拉按钮①,在列表中选择"水平翻转"选项②,如图 10-33 所示。

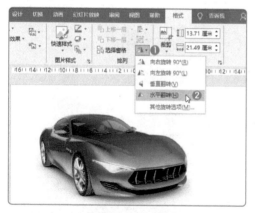

图10-33

STEP 3 选中该图片,在"图片工具 - 格式"选项卡中单击"删除背景"按钮,此时系统会自动识别背景图片,并将其高亮显示,如图 10-34 所示。

图10-34

STEP 4 在"背景消除"选项卡中单击"标记要保留的区域"按钮,此时鼠标指针则变为笔的形状,在图片中标记出要保留的区域,如图 10-35 所示。

图10-35

STEP 5 单击"标记要删除的区域"按钮,标记出要删除的区域(见图 10-36),调整好后单击"保留更改"按钮,完成图片背景删除操作。

图10-36

STEP 6 将图片放置于页面左侧合适位置,在"图片工具 - 格式"选项卡中单击"裁剪"按钮,此时图片四周会显示裁剪点,如图 10-37 所示。

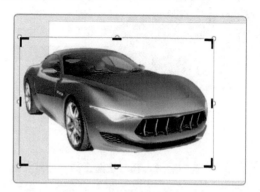

图10-37

STEP 7 选中左侧裁剪点,将其向右拖动至合适位置,调整好图片裁剪范围,如图 10-38 所示。

图10-38

图10-41

STEP 8 单击页面空白处即可完成图片的裁剪操作，结果如图 10-39 所示。

图10-39

第10章 静态幻灯片的创建

STEP 9 在"插入"选项卡中单击"形状"下拉按钮，在列表中选择"矩形"形状，使用拖动鼠标的方法，在页面中绘制出矩形，如图 10-40 所示。

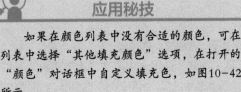

应用秘技

如果在颜色列表中没有合适的颜色，可在列表中选择"其他填充颜色"选项，在打开的"颜色"对话框中自定义填充色，如图10-42所示。

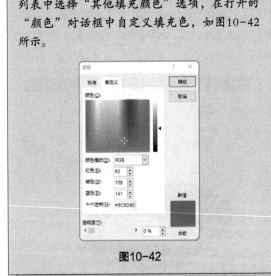

图10-42

STEP 11 在"绘图工具 – 格式"选项卡中单击"形状轮廓"下拉按钮❶，从列表中选择"无轮廓"选项❷，将矩形轮廓进行隐藏，如图 10-43 所示。

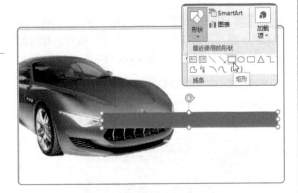

图10-40

STEP 10 选中矩形，在"绘图工具 – 格式"选项卡中单击"形状填充"下拉按钮❶，从列表中选择"其他填充颜色"选项❷，在"颜色"对话框中输入"红色（R）""绿色（G）""蓝色（B）"的色值参数❸，单击"确定"按钮❹，如图10-41所示。

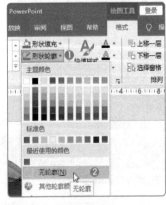

图10-43

140

STEP 12 选中矩形，右击，在快捷菜单中选择"置于底层"命令，如图 10-44 所示，将矩形放置于图片下方。

图10-44

STEP 13 在"插入"选项卡的"文本"选项组中单击"文本框"下拉按钮，从列表中选择"绘制横排文本框"选项，如图 10-45 所示。

图10-45

STEP 14 在矩形上方绘制出文本框，并输入文字。选中文字，在"开始"选项卡的"字体"选项组中对文字的字体、字号及颜色进行设置，如图 10-46 所示。

STEP 15 按照同样的操作，完成封面页标题内容的输入操作，如图 10-47 所示。

图10-46

图10-47

STEP 16 单击"形状"下拉按钮，从列表中选择"直线"形状，按住【Shift】键的同时在页面合适位置绘制出直线，并通过"形状填充"列表，设置好直线颜色，至此标题页制作完毕，结果如图 10-48 所示。

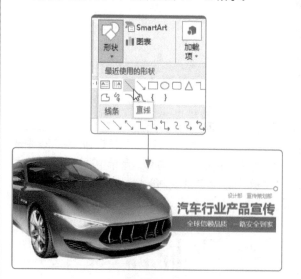

图10-48

10.2.3 制作内容幻灯片

内容页用来显示演示文稿的内容，用户可以使用图片、图形、图表、艺术字等元素来设计幻灯片。

1. 制作目录幻灯片

STEP 1 在"开始"选项卡中单击"新建幻灯片"下拉按钮，从列表中选择"标题和内容"选项，如图 10-49 所示。

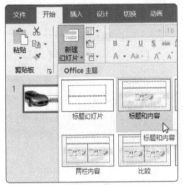

图10-49

STEP 2 删除多余的占位符。使用直线和文本框，制作该幻灯片标题内容，如图 10-50 所示。

图10-50

STEP 3 选中两条直线，在"绘图工具－格式"选项卡中单击"形状轮廓"下拉按钮❶，从列表中选择"箭头"选项❷，在其级联菜单中选择"箭头样式11"❸，为直线两端添加箭头样式，如图 10-51 所示。

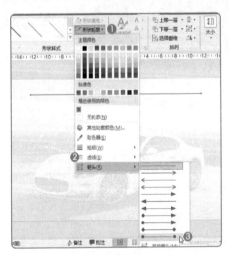

图10-51

STEP 4 单击"形状"下拉按钮，在列表中选择"矩形：圆角"形状，在幻灯片中绘制一个圆角矩形，大小适中即可，如图 10-52 所示。

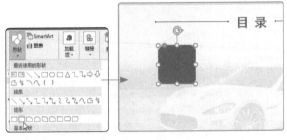

图10-52

STEP 5 单击"形状填充"下拉按钮，在列表中设置好圆角矩形的颜色，如图 10-53 所示。单击"形状轮廓"下拉按钮，在列表中选择"无轮廓"选项，隐藏圆角矩形轮廓。

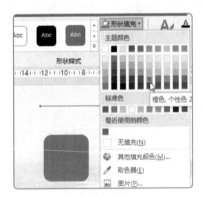

图10-53

STEP 6 复制该圆角矩形，并将其"形状轮廓"设为白色，将轮廓"粗细"设为"2.25磅"，如图 10-54 所示，将"形状填充"设为"无填充"，调整好大小，放置于合适位置。

STEP 7 双击大圆角矩形，进入文字编辑状态，输入文本内容，并设置好文本的格式，结果如图 10-55 所示。

STEP 8 同时选中大、小两个圆角矩形，在"绘图工具－格式"选项卡中单击"对齐对象"下拉按钮❶，在列表中依次选择"水平居中"❷和"垂直居中"❸选项，将两个圆角矩形进行对齐，如图 10-56 所示。

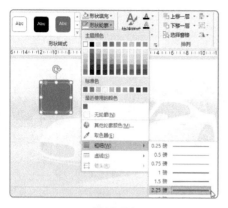

图10-54

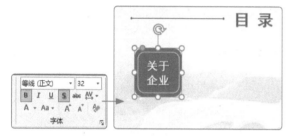

图10-55

图10-56

STEP 9 选中对齐后的两个圆角矩形，在"绘图工具－格式"选项卡中单击"组合"下拉按钮，在列表中选择"组合"选项，将两个圆角矩形进行组合，方便选取，如图 10-57 所示。

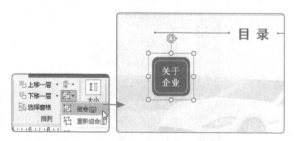

图10-57

STEP 10 复制 3 个组合后的圆角矩形，并选择"垂直居中"和"横向分布"对齐方式，将 4 个圆角矩形对齐放置在页面合适位置，如图 10-58 所示。

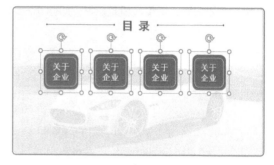

图10-58

应用秘技

按住【Shift+Ctrl】组合键的同时拖动鼠标可以沿着水平或垂直方向进行复制。

STEP 11 分别设置好复制后的圆角矩形的填充颜色，并更改相应的文字，如图 10-59 所示。

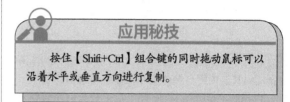

图10-59

STEP 12 按照以上绘制图形的方法，绘制出车道图形，并插入汽车图片，在车道两端输入"START"和"END"文本内容，设置好其字体格式。至此目录页内容制作完毕，效果如图 10-60 所示。

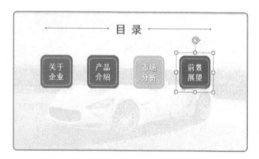

图10-60

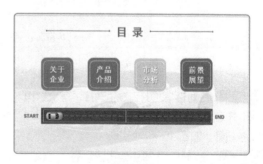

2. 制作第3~4张幻灯片

`STEP 1` 复制目录幻灯片，创建第 3 张幻灯片。删除幻灯片中的内容，保留标题内容。双击标题文本框，更改标题内容，调整好标题位置，如图 10-61 所示。

图10-61

`STEP 2` 使用圆形、图片、文本框等命令，制作第 3 张幻灯片的内容，具体操作可参考目录页的制作步骤，这里就不重复介绍了。第 3 张幻灯片制作效果如图 10-62 所示。

`STEP 3` 按照同样的操作方法，制作第 4 张幻灯片，效果如图 10-63 所示。

3. 制作流程图幻灯片

`STEP 1` 复制第 4 张幻灯片，创建第 5 张幻灯片。删除其内容，保留标题。在"插入"选项卡中单击"SmartArt"按钮，打开"选择 SmartArt 图形"对话框，如图 10-64 所示。

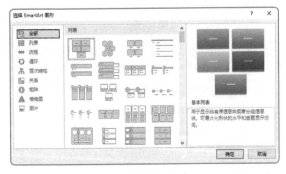

图10-64

`STEP 2` 在对话框左侧列表中选择"层次结构"选项❶，并选择"水平多层层次结构"类型❷，单击"确定"按钮❸，如图 10-65 所示。

`STEP 3` 在幻灯片中单击结构图中的"[文本]"，输入文本内容，如图 10-66 所示。

图10-62

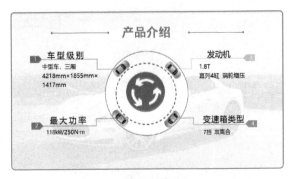

图10-63

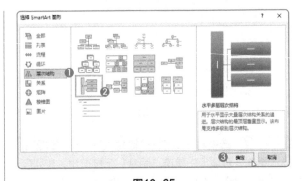

图10-65

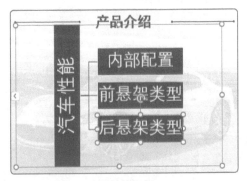

图10-66

STEP 4 选中"后悬架类型"图形，右击，从快捷菜单中选择"添加形状"命令，并在其级联菜单中选择"在后面添加形状"，如图 10-67 所示。

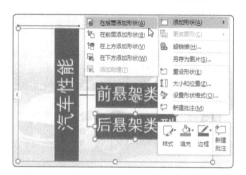

图10-67

STEP 5 此时会添加一个同级别的形状，直接输入文字即可，如图 10-68 所示。

图10-68

STEP 6 右击"内容配置"图形，在快捷菜单中选择"添加形状"命令，并在其级联菜单中选择"在下方添加形状"，如图 10-69 所示。

图10-69

STEP 7 此时会为被选图形添加一个下一级别的形状，直接输入所需文字，如图 10-70 所示。

STEP 8 按照同样操作方法为"前悬架类型""后悬架类型""驱动方式"这 3 个图形分别添加一个下

级形状，并输入文字，如图 10-71 所示。

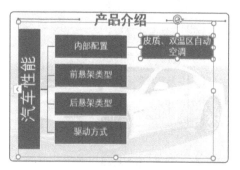

图10-70

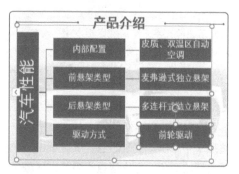

图10-71

STEP 9 选中"汽车性能"文本内容，在"开始"选项卡中单击"文字方向"下拉按钮❶，从列表中选择"所有文字旋转 90°"选项❷，如图 10-72 所示。

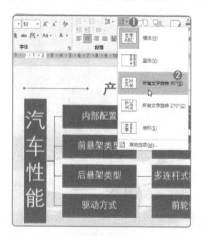

图10-72

STEP 10 保持"汽车性能"文本的选中状态，在"字体"选项组中单击"减小字号"按钮，将该文字减小一号。选中创建的结构图右下角控制点，将其拖动至合适位置，调整好结构图的大小，并将结构图放置在页面中间位置，如图 10-73 所示。

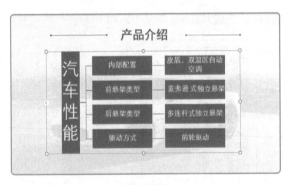

图10-73

应用秘技

　　使用"增大字号"或"减小字号"功能，可快速调整文字大小，一般来说，单击一次"增大字号"或"减小字号"按钮，可迅速增加或减小4个字体号。

STEP 11　选中结构图，在"SmartArt 工具 – 设计"选项卡中单击"更改颜色"下拉按钮，在列表中选择合适的颜色，可快速更改当前默认颜色，如图 10-74 所示。

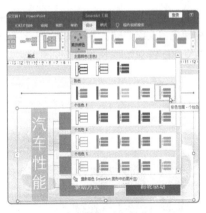

图10-74

4. 制作图表幻灯片

STEP 1　复制第5张幻灯片，创建第6张幻灯片。删除多余的内容，保留标题并修改文字，如图 10-77 所示。

STEP 2　在"插入"选项卡中单击"图表"按钮，打开"插入图表"对话框，在此选择"簇状柱形图"选项，单击"确定"按钮，如图 10-78 所示。

STEP 12　在"SmartArt 工具 – 设计"选项卡的"SmartArt 样式"选项组中单击"其他"下拉按钮，在列表中选择合适的样式，可快速更改当前样式，如图 10-75 所示。

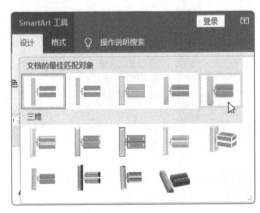

图10-75

STEP 13　选中结构图中的文本内容，适当地调小文字字号，让结构图显得更加精致，结果如图 10-76 所示。至此，流程图幻灯片制作完毕。

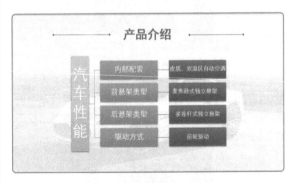

图10-76

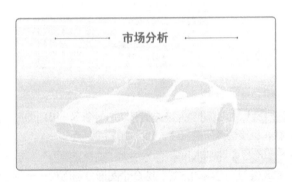

图10-77

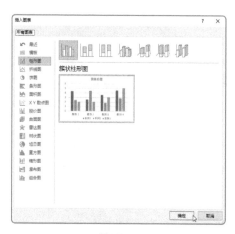

图10-78

STEP 3 此时，系统会自动在幻灯片中插入一张柱形图，并自动打开 Excel 编辑窗口，用户可根据需要在该窗口中输入数据内容，如图 10-79 所示。

图10-79

STEP 4 输入完成后关闭 Excel 编辑窗口，返回幻灯片查看创建的图表效果，如图 10-80 所示。

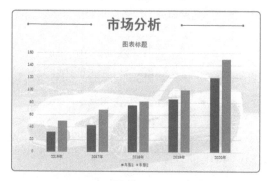

图10-80

新手提示

在输入数据时，系统默认为3个数据列，如需对数据列的数量进行调整，只需调整好表格底纹范围即可，也就是说表格底纹范围内的数据均会被显示。

STEP 5 选中图表右下角控制点，将其拖动至合适位置，可快速调整图表的大小。双击图表标题文本，更改标题内容，并设置好标题文本格式，如图 10-81 所示。

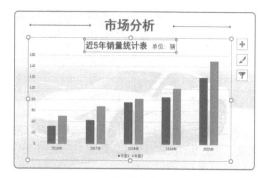

图10-81

STEP 6 分别选中图表横坐标和图例，在"字体"选项组中调整好文本的大小，如图 10-82 所示。

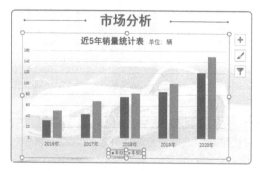

图10-82

STEP 7 单击图表右侧"图表元素"按钮➕，在打开的列表中单击"坐标轴"右侧三角按钮，在其级联菜单中取消勾选"主要纵坐标轴"复选框，隐藏该坐标轴，如图 10-83 所示。

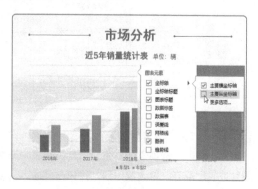

图10-83

STEP 8 再次打开"图表元素"列表，取消勾选"网格线"复选框，隐藏图表网格线，如图 10-84 所示。

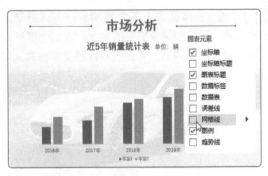

图10-84

STEP 9 在"图表元素"列表中勾选"数据标签"复选框，为图表添加数据标签，如图 10-85 所示。

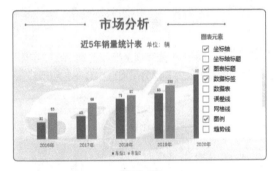

图10-85

STEP 10 在图表中选中"车型 1"数据系列，右击，在快捷菜单中选择"设置数据系列格式"命令，如图 10-86 所示。

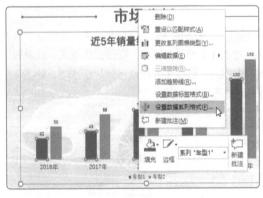

图10-86

STEP 11 打开"设置数据系列格式"窗格。切换至"填充与线条"选项卡❶，在"填充"列表中选中"图片或纹理填充"单选按钮❷，并单击"插入"按钮❸，如图 10-87 所示。

图10-87

STEP 12 打开"插入图片"对话框，选择所需图片素材，单击"插入"按钮，如图 10-88 所示。

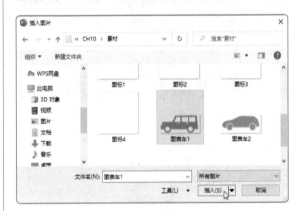

图10-88

STEP 13 在"设置数据系列格式"窗格的"填充与线条"选项卡中选中"层叠"单选按钮，如图 10-89 所示，调整好图片填充的状态。

图10-89

STEP 14 按照同样的操作方法，填充"车型 2"数据系列，结果如图 10-90 所示。至此图表幻灯片制作完毕。

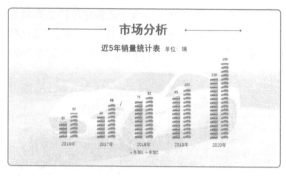

图10-90

5. 制作表格幻灯片

STEP 1 复制第6张幻灯片，创建第7张幻灯片。删除多余内容，保留标题并修改文字，如图 10-91 所示。

图10-91

STEP 2 在"插入"选项卡中单击"表格"下拉按钮，从中选取 2 行 4 列的表格，如图 10-92 所示，随即在幻灯片中会插入相应的表格。

图10-92

STEP 3 选中插入的表格，将其移动至页面合适位置。选中表格，在"表格工具－布局"选项卡的"表格尺寸"选项组中，将"高度"设为"10厘米"，将"宽度"设为"24厘米"，调整表格大小，如图 10-93 所示。

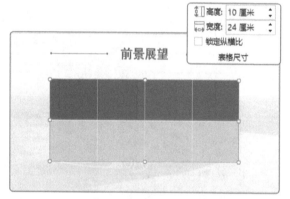

图10-93

STEP 4 将鼠标指针放置于表格首行第 1 个单元格中，在"表格工具－设计"选项卡中单击"底纹"下拉按钮❶，从列表中选择"图片"选项❷，如图 10-94 所示。

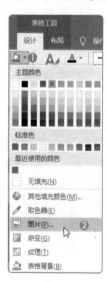

图10-94

STEP 5 在打开的"插入图片"对话框中选择所需表格图片，如图 10-95 所示。

图10-95

STEP 6 单击"插入"按钮，图片随即被插入该单元格，如图 10-96 所示。

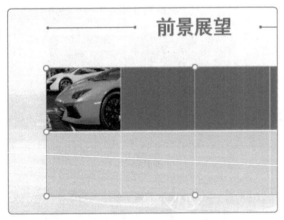

图10-96

STEP 7 按照同样的方法，为其他单元格插入相应的图片，如图 10-97 所示。

图10-97

STEP 8 将鼠标指针放置于表格首行第 2 列单元格内，在"表格工具－设计"选项卡中，单击"底纹"下拉按钮，从列表中选择满意的颜色，如图 10-98 所示。

图10-98

STEP 9 按照同样的方法，为其他单元格设置底纹填充颜色。完成后，在有底纹的单元格中输入相应的文本内容，并设置好其文本颜色和大小，如图 10-99 所示。

图10-99

STEP 10 选中表格，在"表格工具－布局"选项卡中单击"垂直居中"按钮，居中对齐文本内容，如图 10-100 所示。

图10-100

STEP 11 选中表格，在"表格工具－设计"选项卡中，

第10章 静态幻灯片的创建

单击"笔颜色"下拉按钮①，从列表中选择白色，作为边框颜色②，如图 10-101 所示。

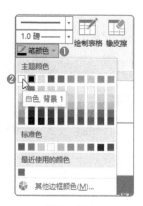

图10-101

STEP 12 单击"笔划粗细"下拉按钮①，从列表中选择"4.5 磅"选项②，设置边框线粗细，如图 10-102 所示。

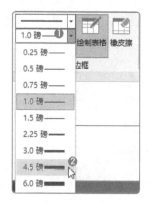

图10-102

STEP 13 在"表格工具－设计"选项卡的"表格样式"选项组中单击"边框"下拉按钮①，从列表中选择"内

部框线"选项②，如图 10-103 所示，将设置的边框线样式应用于当前表格边框中。

图10-103

新手提示

在PowerPoint中如果需要设置表格边框样式，需要先设置好边框线颜色、粗细及线型，然后再选择应用的边框线。其方法与Word、Excel不相同。

STEP 14 设置后用户可查看表格效果，如图 10-104 所示。至此表格幻灯片制作完成。

图10-104

10.2.4 制作结尾幻灯片

结尾幻灯片的制作很简单，只需在封面幻灯片的基础上稍加变化，做到首尾相呼应。

STEP 1 复制封面幻灯片，创建第 8 张幻灯片。选中汽车图片，在"图片工具－格式"选项卡中单击"旋转"下拉按钮，从列表中选择"水平翻转"选项，翻转图片。

STEP 2 将页面右侧文字移动到左侧，并调整文字，结果如图 10-105 所示。

STEP 3 选中汽车图片，在"图片工具－格式"选项卡中单击"校正"下拉按钮，在列表中可调整图片的亮度和对比度，如图 10-106 所示。

图10-105

微课视频

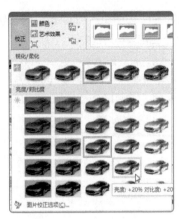

图10-106

STEP 4 操作完成后图片效果如图10-107所示。至此结尾幻灯片制作完毕。

图10-107

应用秘技

插入图片后，用户可对图片色调、图片效果以及图片外观样式进行设置。在"图片工具-格式"选项卡中单击"颜色"下拉按钮，在列表中可对图片的颜色饱和度、色调等进行调整，如图10-108所示。单击"艺术效果"下拉按钮，在列表中可对图片处理效果进行设置，如图10-109所示。此外，在"图片样式"选项组中可对图片的外观样式进行设置，如图10-110所示。

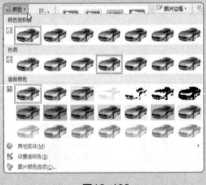

图10-108

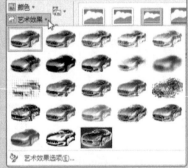

图10-109

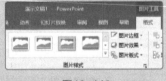

图10-110

疑难解答

Q：在幻灯片中如何更改段落行距？

A：PowerPoint默认的行距为1.0倍，想要更改默认的行距，可先选中所需文本段落，在"开始"选项卡的"段落"选项组中单击"行距"下拉按钮 ，从列表中选择所需行距。

Q：如何将编辑后的图片恢复成初始状态？

A：在"图片工具-格式"选项卡中单击"重置图片"下拉按钮 ，从列表中根据需要选择"重设图片"或"重设图片和大小"选项即可。

第10章 静态幻灯片的创建

Q：如何将图片裁剪为圆形呢？

A：由于形状列表中没有圆形，所以只能先将其裁剪为椭圆形，然后再调整为圆形。具体操作如下。选中图片，单击"裁剪"下拉按钮❶，在列表中选择"裁剪为形状"选项❷，并在其级联菜单中选择"椭圆"❸，如图10-111所示。此时图片会变成椭圆形，如图10-112所示。再次单击"裁剪"按钮，进入裁剪状态，拖动图片上的裁剪点，将其调整为圆形即可，如图10-113所示。

图10-111

图10-112

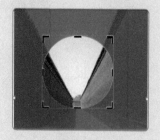

图10-113

Q：系统内置的形状中没有需要的形状，怎么办？

A：PowerPoint内置了许多基本的形状，用户可在这些基本形状的基础上进行改变。具体操作如下。选中所需形状，例如选择心形，在"绘图工具-格式"选项卡中单击"编辑形状"下拉按钮，从列表中选择"编辑顶点"选项，如图10-114所示。此时心形周围会显示相应的编辑点，选中某一个点，会出现相应的设置手柄，如图10-115所示。选中其中一个设置手柄，将其进行移动即可改变心形轮廓，如图10-116所示。

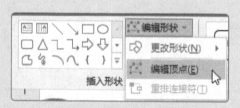

图10-114

图10-115

图10-116

第 11 章

动态幻灯片的创建

对于大型演讲场合来说，静态演示文稿会略显单调，无法及时地烘托出现场氛围；而动态演示文稿则比较占优势。那么动态演示文稿该如何制作呢？本章将着重介绍动态幻灯片的制作方法，其中包括背景乐的添加与编辑、基本动画的应用、幻灯片链接的设置等。

11.1 为新品上市宣传方案添加背景乐

为幻灯片添加背景乐是为了带动现场气氛，让观众快速进入情境中，从而产生共鸣。下面将介绍具体的操作步骤。

11.1.1 插入背景乐

在幻灯片中插入背景乐的方法很简单，将背景乐直接拖动至页面中即可。

STEP 1 打开"新品上市宣传方案"演示文稿，选中封面幻灯片，将"背景乐"音频文件直接拖动至该幻灯片中，如图 11-1 所示。

图11-1

STEP 2 当幻灯片中显示喇叭图标和播放器后，说明背景乐已成功插入，如图 11-2 所示。

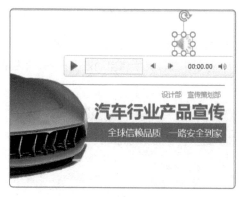

图11-2

STEP 3 单击播放器中的播放按钮即可试听背景乐，此时播放按钮变为暂停按钮，如图 11-3 所示。

图11-3

STEP 4 单击播放器右侧音量按钮，可调整背景乐音量的高低，如图 11-4 所示。

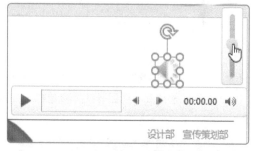

图11-4

新手提示

音乐播放器默认是隐藏的，只有选中喇叭图标后才会显示出来。

11.1.2 控制背景乐的播放

一般情况下，插入背景乐后，需要对其开始方式、播放模式等进行必要的设置，以保证背景乐能按照既定要求播放。下面将对这些必要的设置进行介绍。

1. 设置开始方式

PowerPoint中音频开始方式有3种，分别是"按照单击顺序""自动""单击时"，其中"按照单击顺序"为默认开始方式。

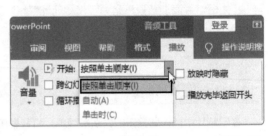

图11-5

- 按照单击顺序：按照当前页面播放的顺序来播放。如果在播放音乐前还有其他动画要播放，那么就先播放动画，然后再按照顺序开始播放音乐。
- 自动：在开始放映幻灯片时，系统就会自动播放音乐，无须任何操作。
- 单击时：单击播放器上的播放按钮才开始播放音乐。

用户可在"音频工具-播放"选项卡中，单击"开始"下拉按钮，在列表中选择相应的开始方式，如图11-5所示。

2. 设置播放模式

默认情况下插入的背景乐只会在当前幻灯片中播放，一旦切换到其他幻灯片，背景乐就会停止播放。如果想让背景乐持续播放，就需对其播放模式进行设置。

（1）在"音频工具-播放"选项卡中勾选"跨幻灯片播放"复选框，如图11-6所示，此时背景乐将持续播放，直到音乐结束为止。

（2）在"音频工具-播放"选项卡中勾选"循环播放，直到停止"复选框，如图11-7所示，背景乐会循环播放，直到所有幻灯片放映结束为止。

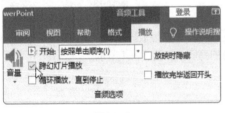

图11-6

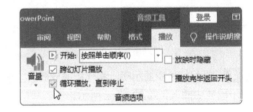

图11-7

（3）勾选"放映时隐藏"复选框，如图11-8所示，在放映幻灯片时，页面中的喇叭图标将会被隐藏。

（4）勾选"播放完毕返回开头"复选框，如图11-9所示，背景乐播放完后将自动返回开头，不会循环播放。

图11-8

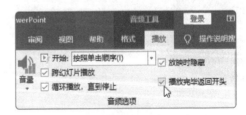

图11-9

3. 设置背景乐渐强、渐弱效果

如果想让背景乐具有渐强、渐弱的效果，在"音频工具-播放"选项卡中分别设置"渐强"和"渐弱"时长即可，如图11-10所示。

图11-10

11.1.3 裁剪背景乐

背景乐时间过长会增加文件的大小，不利于文件的传输。当遇到这种情况时，用户可以使用"剪裁音频"功能，对背景乐稍加裁剪。

STEP 1 选中背景乐，在"音频工具－播放"选项卡中单击"剪裁音频"按钮，如图 11-11 所示。

图11-11

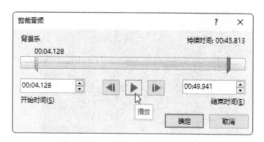

图11-12

STEP 2 在"剪裁音频"对话框中，调整好起始滑块和终止滑块的位置，单击"播放"按钮可试听裁剪后的音乐，如图 11-12 所示，确认无误后，单击"确定"按钮即可完成裁剪操作。

新手提示

在"剪裁音频"对话框中，两滑块之间的音频将被保留，而两滑块之外的音频将被删除。所以PowerPoint只能对音频进行去头去尾简单的裁剪，如果想删除文件中某一段音频，那么就需要使用其他专业的软件来操作了。

11.2 为新品上市宣传方案添加动画效果

制作新品上市宣传演示文稿时，不仅需要将内容设计得精美，还需要在动画效果上下功夫，让幻灯片的演示给观者带来视觉上的享受。下面将以新品上市宣传方案为例，详细介绍幻灯片中动画效果的添加操作。

11.2.1 设置封面幻灯片动画效果

微课视频

在封面幻灯片中，用户可使用路径动画和进入动画，具体操作如下。

STEP 1 打开"新品上市宣传方案"演示文稿。选择封面幻灯片，选中汽车图片，先将其移至页面外合适位置，以方便路径的添加操作，如图 11-13 所示。

图 11-14 所示。

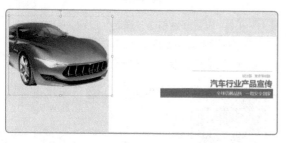

图11-13

STEP 2 保持图片为选中状态，在"动画"选项卡的"动画"选项组中单击"其他"下拉按钮，在列表中选择"动作路径"选项组中的"直线"选项，如

图11-14

STEP 3 此时系统会自动为图片添加一个直线路径，如图 11-15 所示，用户可预览该动画效果。

图11-15

第11章 动态幻灯片的创建

应用秘技

　　为对象添加动画后，在该对象左上角会显示相应的动画编号 ①，该编号为动画播放编号。在放映幻灯片时，系统会按照编号顺序依次播放所有动画效果。选中该动画编号即选中相应的动画效果，按【Delete】键可快速删除该动画。一个动画一个编号，多个动画将会显示多个编号。用户只需查看编号的数量便知该对象上有多少个动画。

STEP 4 选中红色终止圆形标记，将其拖动至页面合适位置，调整该路径的运动方向，如图 11-16 所示。

图11-16

STEP 5 单击"动画"选项卡中的"预览"按钮，如图 11-17 所示，即可预览当前路径动画。

STEP 6 保持路径动画为选中状态，单击"动画"选项卡的"动画"选项组的对话框启动器按钮，打开"向下"对话框，在"计时"选项卡中，将"期间"设为"快速（1 秒）"，如图 11-18 所示。

图11-17

图11-18

STEP 7 切换到"效果"选项卡，将"弹跳结束"设为"0.15 秒"，如图 11-19 所示。

图11-19

STEP 8 设置好后单击"确定"按钮，完成操作。选中右侧矩形和直线图形①，在"动画"列表中选择"进入"选项组中的"擦除"动画效果②，如图 11-20 所示。

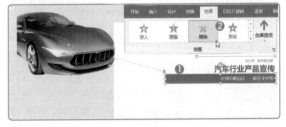

图11-20

STEP 9 单击"动画"选项组中的"效果选项"下拉按钮❶，从列表中选择"自右侧"选项❷，如图 11-21 所示，更改动画运动方向。

图11-21

STEP 10 选中页面中的文本内容，在"动画"列表中选择"进入"选项组中的"浮入"动画效果，如图 11-22 所示。

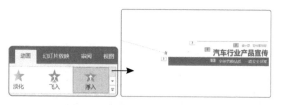

图11-22

STEP 11 在"动画"选项卡中单击"动画窗格"按钮，打开"动画窗格"窗格。在该窗格中会显示当前幻灯片中所有的动画，选中其中一个动画选项，如图 11-23 所示，其幻灯片中相应的动画将会被选中。

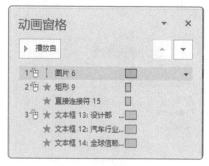

图11-23

STEP 12 在"动画窗格"窗格中，选中第 1 个动画选项（图片 6），右击，在快捷菜单中选择"从上一项开始"命令，如图 11-24 所示，将该动画的开始方式设为自动播放模式。此时，原编号"1"变为编号"0"，其他动画编号依次顺延。

图11-24

STEP 13 选中第 2、3 个动画选项（矩形 9、直接连接符 15），右击，在快捷菜单中同样选择"从上一项开始"命令，如图 11-25 所示。

图11-25

STEP 14 选中第 4 个动画选项（文本框 13），右击，在快捷菜单中选择"从上一项之后开始"命令，如图 11-26 所示。

图11-26

STEP 15 选中第 2、3 个动画选项（矩形 9、直接连接符）❶，在"动画"选项卡的"计时"选项组中将"延迟"设为"00.50"（0.5 秒）❷，如图 11-27 所示。

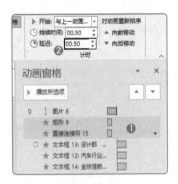

图11-27

STEP 16 设置完成后，单击"动画窗格"窗格中的"全部播放"按钮，如图 11-28 所示，即可查看该幻灯片所有动画效果。

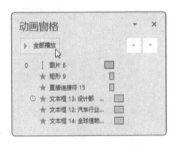

图11-28

应用秘技

动画的开始方式默认为"单击时"，也就是说单击，即可播放一个动画效果。用户可以对动画开始方式进行调整。在"动画窗格"窗格中右击，在快捷菜单中可选择"单击开始""从上一项开始""从上一项之后开始"这3个命令。此外，还可以在"动画"选项卡的"计时"选项组中单击"开始"下拉按钮，从列表中选择开始方式，如图11-29所示。列表中的3种方式与"动画窗格"窗格中的开始方式相对应。

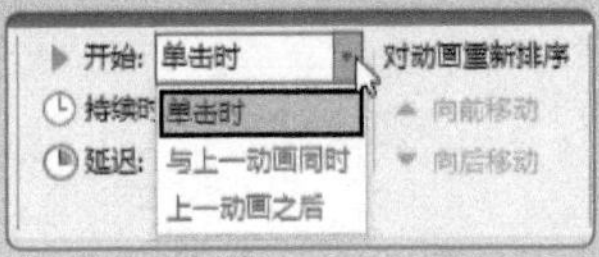

图11-29

11.2.2 设置目录幻灯片动画效果

目录幻灯片中用户可使用强调动画和组合动画，具体操作如下。

STEP 1 选择目录幻灯片，并选中"关于企业"图形，在"动画"列表中选择"强调"选项组中的"脉冲"动画效果，如图 11-30 所示，添加脉冲强调动画。

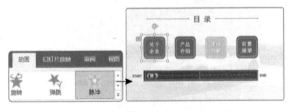

图11-30

STEP 2 单击"动画"选项组的对话框启动器按钮，打开"脉冲"对话框，切换到"计时"选项卡，将"重复"设为"2"，如图 11-31 所示。

STEP 3 单击"确定"按钮，关闭对话框。保持该动画为选中状态，在"动画"选项卡的"高级动画"

选项组中单击"动画刷"按钮，当鼠标指针右上角出现刷子形状时，单击幻灯片中的"产品介绍"图形，如图 11-32 所示。

图11-31

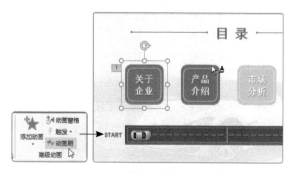

图11-32

STEP 4 此时脉冲动画已被快速应用到"产品介绍"图形中，如图 11-33 所示。

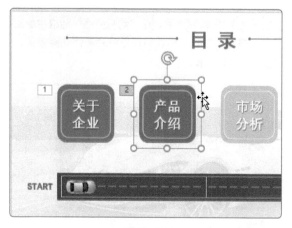

图11-33

STEP 5 按照同样的方法，利用动画刷功能，将脉冲动画快速应用至"市场分析"和"前景展望"图形中，如图 11-34 所示。

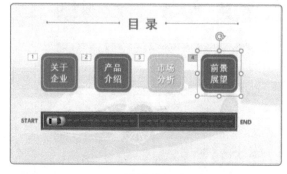

图11-34

STEP 6 选中目录幻灯片中的汽车图片，为其添加直线路径动画，其方向为从左至右，并调整好路径起止位置，如图 11-35 所示。

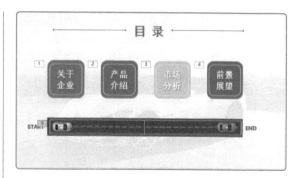

图11-35

STEP 7 保持直线路径动画选中状态，在"动画"选项卡的"高级动画"选项组中单击"添加动画"下拉按钮①，在列表中选择"退出"选项组中的"淡化"动画②，如图 11-36 所示。

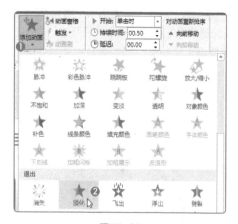

图11-36

STEP 8 此时汽车图片左上角会显示两个动画编号，这就说明该对象添加了两个动画效果，如图 11-37 所示。

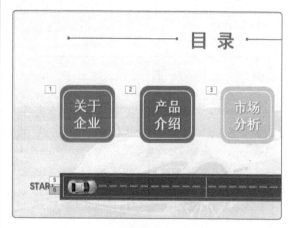

图11-37

STEP 9 打开"动画窗格"窗格，同时选中第1~4个动画选项（组合 7、组合 30、组合 33、组合 36），右击，在快捷菜单中选择"从上一项之后开始"命令，如图 11-38 所示。

图11-38

STEP 10 选中第 5 个动画选项（图片 26 ），右击，在快捷菜单中选择"从上一项开始"命令，如图 11-39 所示。

图11-39

STEP 11 选中第 6 个动画选项（图片 26 ★），右击，在快捷菜单中选择"从上一项之后开始"命令，如图 11-40 所示。

应用秘技

"动画窗格"窗格中绿色五角星为进入动画★，黄色五角星为强调动画★，红色五角星为退出动画★，路径图标则为路径动画 ，它们是 PowerPoint 中基础的动画类型。

图11-40

STEP 12 设置完成后，在"动画窗格"窗格中单击"全部播放"按钮，查看目录幻灯片最终动画效果，如图 11-41 所示。

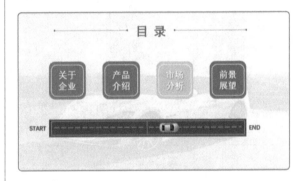

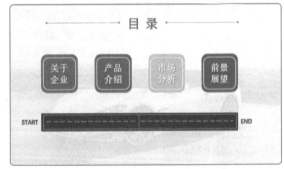

图11-41

11.2.3 设置内容幻灯片动画效果

由于内容幻灯片的数量比较多，所以用户在为其设置动画时，选择重点内容幻灯片设置即可。下面将为"产品介绍"内容幻灯片设置动画效果。

微课视频

STEP 1 选择第 4 张幻灯片，并选中任意一张汽车图片，为其添加"缩放"进入动画，如图 11-42 所示。

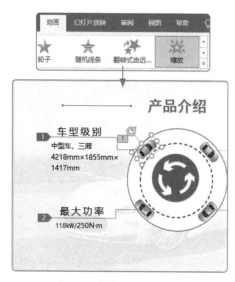

图11-42

STEP 2 选中该图片的引导线，为其添加"擦除"进入动画，如图 11-43 所示。

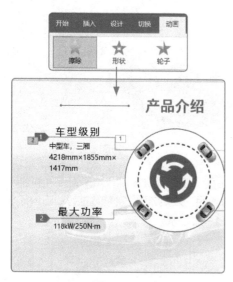

图11-43

STEP 3 单击"效果选项"下拉按钮，将擦除方向设为"自右侧"。选中引导线箭头，同样为其添加"擦除"进入动画，并将其"效果选项"设为"自右侧"，如图 11-44 所示。

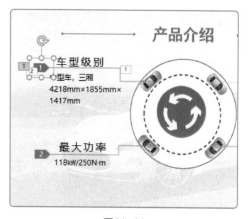

图11-44

STEP 4 选中相应的文字，为其添加"缩放"进入动画，如图 11-45 所示。

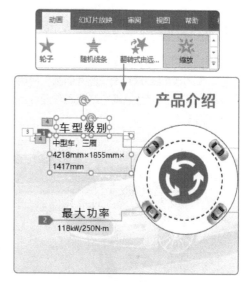

图11-45

STEP 5 使用动画刷功能，将当前这组数据上的动画分别应用于其他三组数据中，如图 11-46 所示。

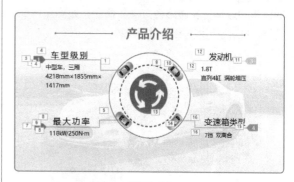

图11-46

STEP 6 打开"动画窗格"窗格，分别设置好每项动画的开始方式，设置结果如图 11-47 所示。

图11-47

STEP 7 单击"全部播放"按钮，即可查看本页幻灯片所有动画效果，如图 11-48 所示。

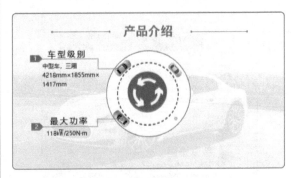

图11-48

11.2.4 设置结尾幻灯片动画效果

结尾幻灯片动画可以与封面幻灯片动画相一致，用户在封面幻灯片动画的基础上稍加调整即可。

STEP 1 选中封面幻灯片汽车图片动画，使用"动画刷"功能，将其应用至结尾幻灯片汽车图片上，如图 11-49 所示。

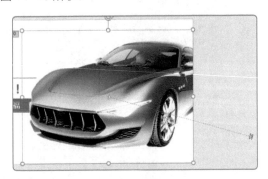

图11-49

STEP 2 选中结尾幻灯片的路径动画，右击，在快捷菜单中选择"反转路径方向"命令，如图 11-50 所示，将路径起点与终点进行反转。

图11-50

STEP 3 选中路径一端红色圆点，调整其位置，如图 11-51 所示。

图11-51

STEP 4 使用动画刷制作结尾幻灯片其他动画效果，并使用"效果选项"功能调整好动画运行方向，如图 11-52 所示。

图11-52

STEP 5 打开"动画窗格"窗格，调整好各动画的开始方式，如图 11-53 所示。

图11-53

STEP 6 单击"全部播放"按钮查看设置好的动画效果。至此结尾页幻灯片动画设置完毕。

应用秘技

　　当用户要为某个文本框或图片添加动画时，只需在"动画"列表中选择合适的动画；而想要在当前动画上再叠加一个新动画，那就需在"添加动画"列表中选择动画。两者的动画内容相同，但性质不同。如果想要叠加新动画时，选择了"动画"列表中的动画效果，就只能覆盖之前的动画，而不能叠加动画。

11.2.5 为幻灯片添加切换效果

微课视频

　　页面切换效果是指从上一张幻灯片进入下一张幻灯片时的衔接效果，默认情况下幻灯片页面是没有切换效果的。下面将为幻灯片添加切换效果。

STEP 1 选中任意幻灯片，在"切换"选项卡的"切换到此幻灯片"选项组中单击"其他"下拉按钮，在列表中选择"华丽"选项组中的"框"效果，如图 11-54 所示。

图11-54

STEP 2 此时，该幻灯片将会应用该切换效果，如图 11-55 所示。

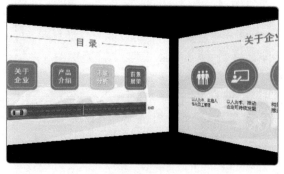

图11-55

STEP 3 单击"效果选项"下拉按钮，在列表中可以选择效果切换方向，如图 11-56 所示。

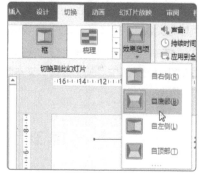

图11-56

STEP 4 设置好后，系统会自动播放切换效果，结果如图 11-57 所示。

图11-57

STEP 5 在"切换"选项卡的"计时"选项组中单击"应用到全部"按钮，如图 11-58 所示，可将该切换效果应用到其他幻灯片中。

图11-58

在放映幻灯片时，默认单击可切换到下一张幻灯

片，如果想实现自动切换幻灯片，可在"切换"选项卡的"计时"选项组中勾选"设置自动换片时间"复选框，并设定好换片时间，然后取消勾选"单击鼠标时"复选框，单击"应用到全部"按钮，如图11-59所示。

图11-59

11.3 为新品上市宣传方案添加链接

在演示文稿中添加链接是为了在放映时，能够快速地跳转到指定内容，链接的内容可以是某页幻灯片、某个网页、某个应用程序等。下面就来介绍具体的设置操作。

11.3.1 为目录幻灯片添加链接

微课视频

在目录幻灯片中添加链接后，用户可通过单击链接，直接跳转到所需幻灯片内容，而不需要一页页地切换查找，提高了一定的工作效率。

STEP 1 打开"新品上市宣传方案"演示文稿，选择第 2 张幻灯片，并选中"关于企业"文本内容，如图 11-60 所示。

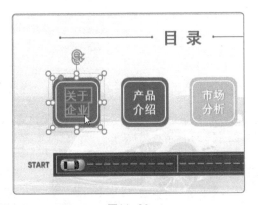

图11-60

STEP 2 在"插入"选项卡的"链接"选项组中单击"链接"按钮，如图 11-61 所示。

图11-61

STEP 3 在"插入超链接"对话框中，选择"本文档中的位置"选项❶，并在右侧列表中选择目标幻灯片❷，如图 11-62 所示。

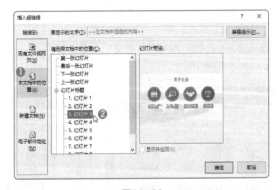

图11-62

STEP 4 单击"确定"按钮，关闭对话框。此时被选中的文本下方会出现下画线。将鼠标指针移至该文本内容上时，会显示链接信息，如图 11-63 所示。

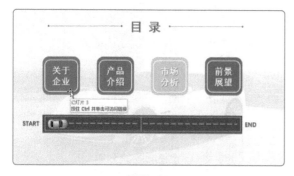

图11-63

STEP 5 此时，按【Ctrl】键并单击链接，随即会跳转到目标幻灯片。如果在放映状态下直接单击该链接，会跳转到相关幻灯片内容。

应用秘技

如果想要将内容链接到指定网页，可在"插入超链接"对话框的"链接到"列表中选择"现有文件或网页"选项，然后在"地址"栏中输入指定的网址，单击"确定"按钮。

STEP 6 按照以上相同的方法，为其他目录内容添加链接，如图 11-64 所示。

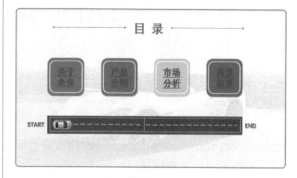

图11-64

11.3.2 编辑设置的链接

设置链接后，有时需要对链接进行一些编辑操作，例如更改链接源、更改链接颜色、清除链接设置等。下面将分别对其操作进行介绍。

1. 更改链接源

如果设置了错误的链接，用户可对链接源进行更改操作。

STEP 1 右击链接，在弹出的快捷菜单中选择"编辑链接"命令，如图 11-65 所示。

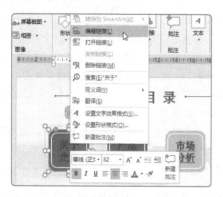

图11-65

STEP 2 在"编辑超链接"对话框中，重新选择正确的选项，单击"确定"按钮即可，如图 11-66 所示。

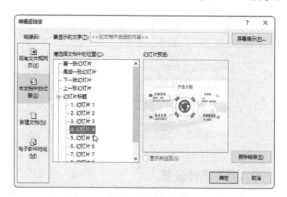

图11-66

2. 更改链接颜色

默认情况下，为文本内容添加链接后，该文本的颜色会发生改变，这样或多或少会影响页面整体色调。遇到这种情况，用户可以对链接的颜色进行更改。

STEP 1 单击"设计"选项卡的"变体"选项组的"其他"下拉按钮，在列表中选择"颜色"选项①，并在其级联菜单中选择"自定义颜色"②，如图 11-67 所示。

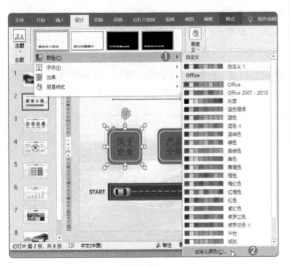

图11-67

STEP 2 在"新建主题颜色"对话框中，单击"超链接"下拉按钮，在打开的颜色列表中重新选择一款链接颜色，如图 11-68 所示。

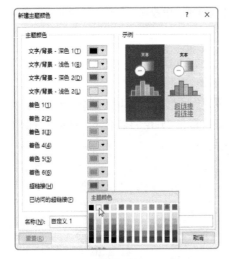

图11-68

STEP 3 单击"已访问的超链接"下拉按钮，在列表中可以选择访问后链接的颜色，如图 11-69 所示。

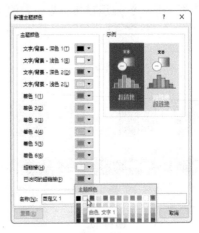

图11-69

STEP 4 设置好后，单击"保存"按钮，关闭对话框。此时链接的文本颜色已发生了改变，如图 11-70 所示。

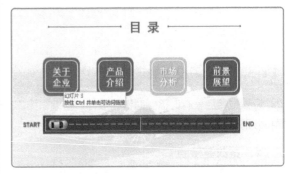

图11-70

应用秘技

如果想要设置文本无变化链接，可选中该文本框，然后对文本框进行链接设置。PowerPoint 中，对图形、图片、文本框等对象设置链接后，这些对象不会发生变化，只有对纯文本设置链接，其才会发生变化。

3. 清除链接设置

右击设置了链接的对象，在快捷菜单中选择"删除链接"命令，如图11-71所示，即可完成链接的清除操作。

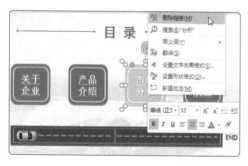
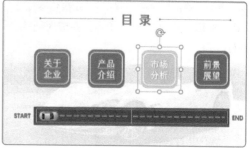

图11-71

微课视频

11.3.3 设置返回按钮链接

为演示文稿设置返回按钮,可灵活地控制演示文稿的放映,在操作时会给用户带来很大的便利。

STEP 1 选中第3张幻灯片,在"插入"选项卡中单击"形状"下拉按钮,在列表中选择"动作按钮:转到主页"选项,如图 11-72 所示。

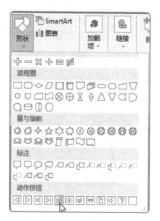

图11-72

STEP 2 在幻灯片合适位置,绘制该动作按钮,如图 11-73 所示。

图11-73

STEP 3 绘制后,系统会自动打开"操作设置"对话框,在"超链接到"列表中选择"幻灯片"选项,如图 11-74 所示。

图11-74

STEP 4 在"超链接到幻灯片"对话框中选择要链接的目标幻灯片,这里选择目录页幻灯片,如图 11-75 所示。

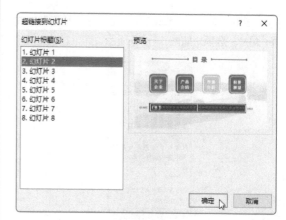

图11-75

第 **11** 章 动态幻灯片的创建

STEP 5 单击"确定"按钮，返回上一层对话框，单击"确定"按钮，如图 11-76 所示，完成返回按钮的添加操作。

图11-76

STEP 6 选中添加的返回按钮，在"绘图工具 – 格式"选项卡中单击"编辑形状"下拉按钮❶，在列表中选择"更改形状"选项❷，并在形状列表中选择椭圆形❸，如图 11-77 所示。

图11-77

STEP 7 单击"形状填充"下拉按钮，从列表中选择"图片"选项，如图 11-78 所示。

图11-78

STEP 8 在"插入图片"对话框中选择素材文件，单击"插入"按钮，如图 11-79 所示。

图11-79

应用秘技

PowerPoint自带的动作按钮有些过时，用户可以利用形状功能自定义动作按钮，也可以将漂亮的图标作为动作按钮。

STEP 9 单击"形状轮廓"下拉按钮，从列表中选择"无轮廓"选项，如图 11-80 所示，隐藏按钮轮廓。

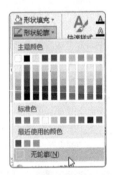

图11-80

STEP 10 将设置好的按钮复制到所需的幻灯片中。当鼠标指针移至该按钮上时，系统会显示链接信息，如图 11-81 所示。按【Ctrl】键并单击该按钮即可返回目录幻灯片。

图11-81

第11章 动态幻灯片的创建

如果想要为动作按钮添加单击音效，可在"操作设置"对话框中，勾选"播放声音"复选框，并在列表中选择一款音效，如图11-82所示，单击"确定"按钮。

图11-82

疑难解答

Q：如何在幻灯片中插入视频文件？

A：在幻灯片中插入视频的方法与插入音频的方法相似，用户可以直接将视频文件拖动至页面中。此外用户还可快速嵌入录制的小视频。具体方法如下。在"插入"选项卡中单击"屏幕录制"按钮，如图11-83所示。此时屏幕会以半透明状态显示，并在屏幕顶端显示录制工具栏，单击工具栏中的"选择区域"按钮，框选要录制的屏幕区域，然后单击"录制"按钮即可进入录制状态，如图11-84所示。录制完成后，单击"停止"按钮，此时录制的视频文件将自动嵌入当前幻灯片中。

图11-83

图11-84

Q：如何删除一页幻灯片中多个动画效果？

A：添加动画效果后，若想进行删除操作，可在动画列表中选择"无"选项。若是想删除一页幻灯片中的多个动画效果，可在"动画窗格"窗格中选中多个动画，按【Delete】键删除。

Q：动画列表中的动画没有需要的，还有其他动画可选择吗？

A：PowerPoint动画列表中只罗列了一些常用的动画类型，如果在该列表中没有合适的动画，那么可在该列表中选择"更多××效果"选项，打开相对应的"更改××效果"对话框，在此可选择其他类型的动画，如图11-85所示。

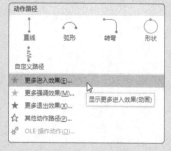

图11-85

第12章

幻灯片的放映与输出

演示文稿制作完成后，想要得到理想的放映效果，可以根据需要对演示文稿的放映选项进行调整，也可以对演示文稿的输出进行设置。本章将对幻灯片的放映与输出操作进行详细的介绍。

12.1 放映新品上市宣传方案

放映幻灯片前，用户需要了解如何放映幻灯片，然后再对幻灯片的放映类型进行设置。当然也可以自定义放映，或者放映指定的幻灯片等，下面分别对其进行介绍。

12.1.1 幻灯片的放映类型

通常幻灯片放映类型有3种，分别是演讲者放映、观众自行浏览以及在展台浏览，用户可通过"设置放映方式"对话框进行设置。

STEP 1 打开"新品上市宣传方案"演示文稿，在"幻灯片放映"选项卡的"设置"选项组中，单击"设置幻灯片放映"按钮，如图 12-1 所示。

STEP 2 在"设置放映方式"对话框中，用户可在"放映类型"选项组中选择所需放映的类型①，单击"确定"按钮②，如图 12-2 所示。

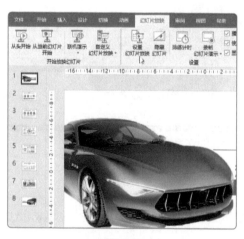

图12-1

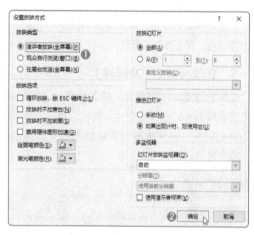

图12-2

1. 演讲者放映（全屏幕）

演讲者放映是以全屏幕的方式来放映演示文稿。在放映过程中，演讲者对演示文稿有着完全的控制权。通过鼠标、翻页器或键盘控制幻灯片翻页及播放动画，可采用不同放映方式，也可暂停或录制旁白。该放映类型常被使用在公共演讲、部门培训、产品介绍、项目汇报等场合。

单击屏幕左下角工具栏中的墨迹按钮（🖊），在打开的列表中可以选择墨迹类型及颜色，从而为当前幻灯片内容添加标记或注释，如图12-3所示。

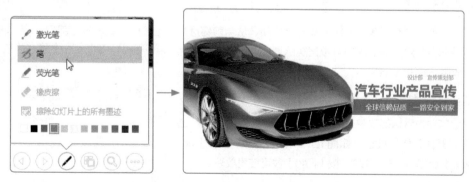

图12-3

在放映过程中，如果需要放大幻灯片局部，可单击左下角放大镜按钮 🔍，此时鼠标指针则变为放大镜图样，在幻灯片中单击要放大的区域即可放大，如图12-4所示。

图12-4

2. 观众自行浏览（窗口）

观众自行浏览是以窗口方式来放映演示文稿，在放映过程中，只允许观众对演示文稿进行简单的控制，包括切换幻灯片、上下滚动等。该放映类型常被使用在产品展示会、博物馆等场合，如图12-5所示。

3. 在展台浏览（全屏幕）

在展台浏览，不需要专人控制即可自动播放演示文稿，不能通过单击手动放映幻灯片，但可以通过动作按钮、超链接切换幻灯片。该放映类型常被使用在大型展台或大型会议、婚礼等场合。

图12-5

新手提示

想要以在展台浏览方式放映幻灯片，需要提前设置好每张幻灯片的切换时间，如图12-6所示，或设置好幻灯片的排练计时（该功能会在后文介绍）。

图12-6

12.1.2 放映幻灯片

放映幻灯片的方式有很多，例如从头开始放映、从当前幻灯片开始放映，或放映全部幻灯片、只放映部分幻灯片等。用户可根据实际情况进行选择。下面将对幻灯片放映方式进行介绍。

1. 从头开始放映

从头开始放映为默认的放映方式，用户可在"幻灯片放映"选项卡中单击"开头开始"按钮，如图12-7所示，或按【F5】键，系统随即从第1页幻灯片开始放映。按【Esc】键可结束放映。

图12-7

2. 从当前幻灯片开始放映

如果想要从某一页幻灯片开始放映，可使用"从当前幻灯片开始"功能进行放映。

STEP 1 选中第 3 张幻灯片❶，在"幻灯片放映"选项卡中单击"从当前幻灯片开始"按钮❷，如图 12-8 所示，或按【Shift+F5】组合键。

STEP 2 系统随即会从第 3 张幻灯片开始，依次放映幻灯片，如图 12-9 所示。按【Esc】键可结束放映。

图12-8

图12-9

3. 自定义幻灯片放映

默认情况下，系统会放映所有幻灯片。如果用户只想放映某几页幻灯片，则可使用自定义放映功能来操作。

STEP 1 在"幻灯片放映"选项卡中单击"自定义幻灯片放映"下拉按钮，从列表中选择"自定义放映"选项，如图 12-10 所示。

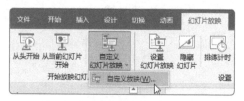

图12-10

STEP 2 在"自定义放映"对话框中单击"新建"按钮，如图 12-11 所示。

图12-11

STEP 3 在"定义自定义放映"对话框中，设置好"幻灯片放映名称"，并在左侧列表中勾选要放映的幻灯片复选框，如图 12-12 所示。

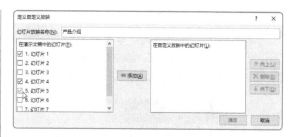

图12-12

STEP 4 单击"添加"按钮，此时被勾选的幻灯片会自动添加至右侧列表中，如图 12-13 所示。

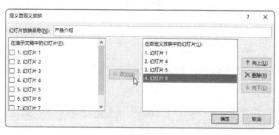

图12-13

STEP 5 单击"确定"按钮，返回"自定义放映"对话框。在放映列表中会显示刚设置的"产品介绍"放映方案，如图 12-14 所示。单击"关闭"按钮。

第 **12** 章 幻灯片的放映与输出

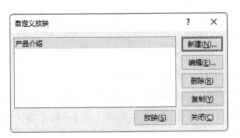

图12-14

STEP 6 返回演示文稿，再次单击"自定义幻灯片放映"下拉按钮，此时列表中新增了"产品介绍"选项，选择该选项即可，如图 12-15 所示。

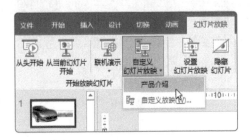

图12-15

STEP 7 若要删除设置的自定义放映方案，则在"自定义幻灯片放映"列表中选择"自定义放映"选项①，打开"自定义放映"对话框，选中要删除的放映方案②，单击"删除"按钮③，如图 12-16 所示。

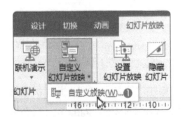

图12-16

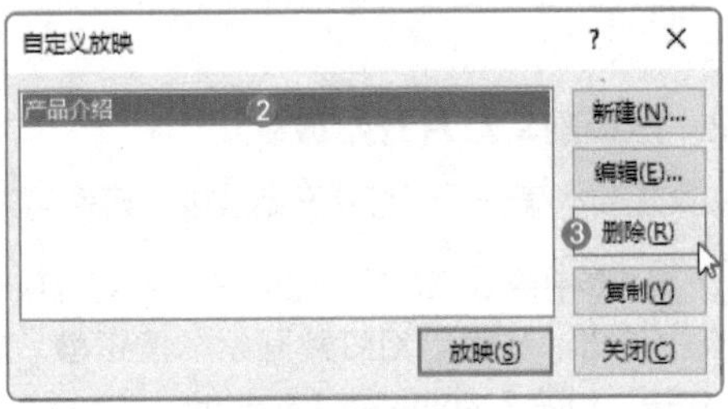

图12-16（续）

应用秘技

除以上介绍的自定义放映方法外，用户还可以在"设置放映方式"对话框中设置放映范围。具体操作为：打开"设置放映方式"对话框，在"放映幻灯片"选项组中，选中"从×××到×××"单选按钮，并在数值框中设定好幻灯片的页码，单击"确定"按钮即可，如图12-17所示。需注意的是，该功能只能用于放映连续的幻灯片内容。

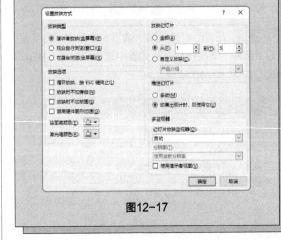

图12-17

4. 排练计时

使用排练计时功能可为每页幻灯片设置好放映时间，在正式放映时系统会按照设定的放映时间自动播放幻灯片。

STEP 1 在"幻灯片放映"选项卡中单击"排练计时"按钮，如图 12-18 所示。

图12-18

STEP 2 进入排练计时模式，屏幕左上角出现"录制"工具栏。中间时间为当前幻灯片放映计时，右边时间为所有幻灯片累计放映计时，如图 12-19 所示。

图12-19

STEP 3 单击"下一项"按钮①，系统会切换到下一张幻灯片，并重新开始计时。单击"重复"按钮② 可以重新记录当前幻灯片的计时，如图 12-20 所示。

图12-20

STEP 4 单击"暂停录制"按钮，可以暂停排练计时，如图 12-21 所示。

图12-21

STEP 5 暂停录制后，系统打开提示对话框，单击"继续录制"按钮继续录制，如图 12-22 所示。

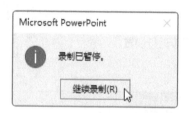

图12-22

STEP 6 录制完成后，系统打开对话框，单击"是"按钮，退出排练计时模式，如图 12-23 所示。

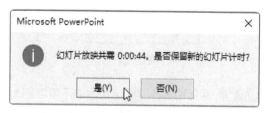

图12-23

STEP 7 在"视图"选项卡的"演示文稿视图"选项组中单击"幻灯片预览"按钮，此时，在每一页幻灯片右下方均显示该页的放映时间，如图 12-24 所示。

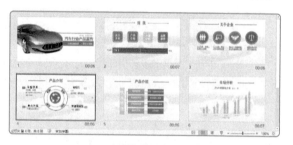

图12-24

应用秘技

如果想要清除幻灯片的排练计时，可在"幻灯片放映"选项卡中单击"录制"下拉按钮，从列表中选择"清除"选项，并在其级联菜单中选择"清除所有幻灯片中的计时"。

12.1.3 为幻灯片添加旁白

利用录制幻灯片功能可为幻灯片添加旁白，这样可以使观者更加全面地了解幻灯片的内容。

STEP 1 在"幻灯片放映"选项卡中单击"录制幻灯片演示"下拉按钮，从列表中选择"从头开始录制"选项，如图 12-25 所示。

图12-25

STEP 2 打开"录制幻灯片演示"对话框，根据需要勾选相应复选框，单击"开始录制"按钮，如图 12-26 所示。

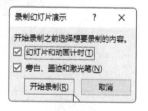

图12-26

STEP 3 此时自动进入幻灯片放映状态，左上角会显示"录制"工具栏，并开始录制旁白。单击"下一项"按钮，可切换至下一张幻灯片，单击"暂停"按钮，可以暂停录制，如图 12-27 所示。

图12-27

STEP 4 录制完成后，每张幻灯片右下角均会插入音频图标，该音频则为当前幻灯片所录制的旁白，如图 12-28 所示。

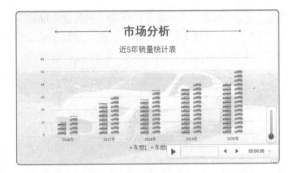

图12-28

12.2 打印与输出演示文稿

PowerPoint提供了多种打印和输出演示文稿的方法。完成演示文稿的制作后，用户可将演示文稿输出为不同形式，或者发布在其他平台，以满足在不同场合使用的需求。本节将介绍打印与输出演示文稿的办法。

12.2.1 打印新品上市宣传方案

用户在打印演示文稿之前，需对打印范围、打印版式及打印编号等进行设置。

微课视频

1. 设置打印范围

STEP 1 打开"新品上市宣传方案"演示文稿，单击"文件"选项卡，选择"打印"选项，打开"打印"界面，如图 12-29 所示。

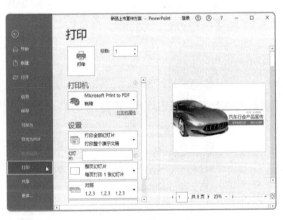

图12-29

图12-30

STEP 2 在"设置"区域，单击"打印全部幻灯片 打印整个演示文稿"下拉按钮，在列表中选择"自定义范围 输入要打印的特定幻灯片"选项，如图 12-30 所示。

STEP 3 在"幻灯片"文本框中输入"3-5"，在预览区可以查看幻灯片的打印范围，如图 12-31 所示。

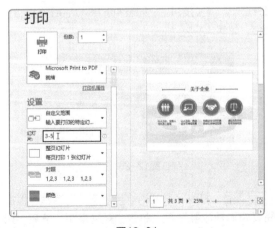

图12-31

STEP 4 在"打印"界面中选择好打印机型号，设置好打印份数，单击"打印"按钮，如图 12-32 所示。

图12-32

2. 设置打印版式

STEP 1 在"打印"界面单击"整页幻灯片 每页打印 1 张幻灯片"下拉按钮，在列表中可以选择所需的打印版式，这里选择"4 张水平放置的幻灯片"选项，如图 12-33 所示。

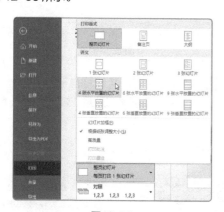

图12-33

STEP 2 选择好后，在预览区中即可查看打印的版式，如图 12-34 所示。设置好打印份数，单击"打印"按钮即可。

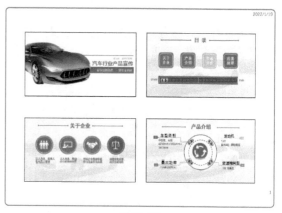

图12-34

3. 设置打印编号

STEP 1 在"打印"界面中单击"编辑页眉和页脚"按钮，如图 12-35 所示。

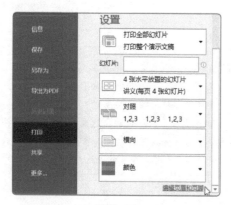

图12-35

STEP 2 在"页眉和页脚"对话框的"幻灯片"选项卡中勾选"幻灯片编号"复选框❶，单击"全部应用"按钮❷，如图 12-36 所示。

图12-36

第**12**章 幻灯片的放映与输出

12.2.2 输出新品上市宣传方案

用户可以根据需求将演示文稿输出为各类格式的文件，以便于在没有安装PowerPoint的计算机中也能方便地查看其内容。

1. 创建PDF文件

STEP 1 单击"文件"选项卡，选择"导出"选项❶，在"导出"界面单击"创建 PDF/XPS"按钮❷，如图 12-37 所示。

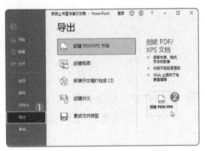

图12-37

STEP 2 在"发布为 PDF 或 XPS"对话框中选择好文档的发布位置，单击"选项"按钮，如图 12-38 所示。

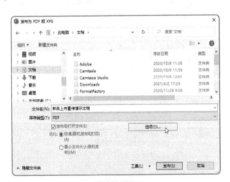

图12-38

STEP 3 在"选项"对话框中设置好范围、发布内容等信息，这里为默认设置，单击"确定"按钮，如图 12-39 所示。

图12-39

STEP 4 返回"发布为 PDF 或 XPS"对话框，单击"发布"按钮，如图 12-40 所示。

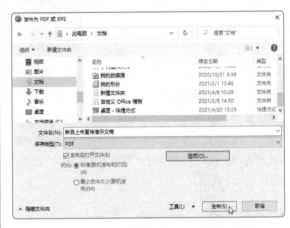

图12-40

STEP 5 稍等片刻，系统将自动打开发布好的PDF 文件，用户可查看发布效果，如图 12-41 所示。

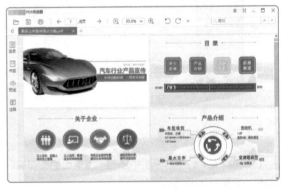

图12-41

应用秘技

在"文件"选项卡中选择"另存为"选项，在"另存为"对话框中单击"保存类型"下拉按钮，选择"PowerPoint放映"选项，并设置好保存路径，单击"保存"按钮。进行上述操作后，只要打开该演示文稿就会直接进入放映模式。

2. 创建视频

STEP 1 单击"文件"选项卡，选择"导出"选项，在"导出"界面中选择"创建视频"选项❶，并单击"创建视频"按钮❷，如图 12-42 所示。

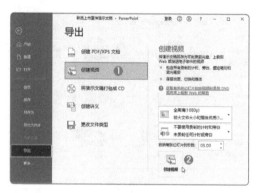

图12-42

STEP 2 在"另存为"对话框中选择好视频保存位置，单击"保存"按钮，如图 12-43 所示。

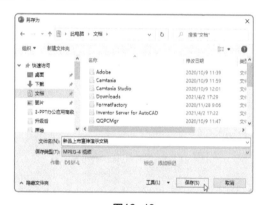

图12-43

STEP 3 在创建的过程中，演示文稿底部状态栏中会显示创建的进度，如图 12-44 所示。

图12-44

STEP 4 创建完成后在文件夹中找到视频文件，选择好播放器，即可放映该视频，如图 12-45 所示。

图12-45

应用秘技

生成视频后，每页幻灯片停留的时间为5秒。如果想要对该时间进行调整，可在"导出"界面中设置"放映每张幻灯片的秒数"，单击"创建视频"按钮，如图12-46所示。

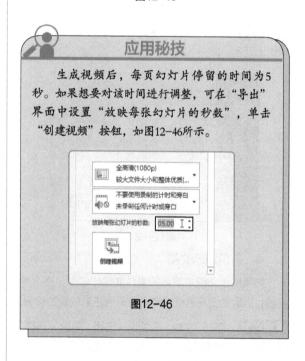

图12-46

第**12**章 幻灯片的放映与输出

3. 创建图片

STEP 1 单击"文件"选项卡，选择"另存为"选项，在"另存为"界面中单击"浏览"选项，在弹出的"另存为"对话框中单击"保存类型"下拉按钮，从列表中选择"JPEG文件交换格式"选项，如图12-47所示。

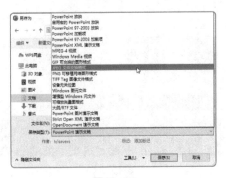

图12-47

STEP 2 单击"保存"按钮，在打开的对话框中选择输出范围，如图12-48所示。

图12-48

4. 打包演示文稿

如果演示文稿中使用的素材文件比较多，那么用户可使用打包功能，将所有配套素材与演示文稿统一归档打包，以避免出现素材遗漏，而无法正常放映的情况。

STEP 1 单击"文件"选项卡，选择"导出"选项，在"导出"界面中选择"将演示文稿打包成CD"选项，单击"打包成CD"按钮，如图12-50所示。

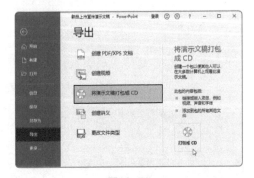

图12-50

STEP 3 选择完成后，系统将自动将每张幻灯片都以图片的形式独立保存，如图12-49所示。

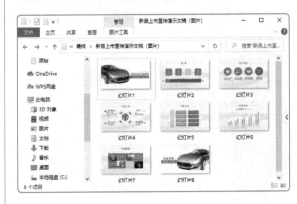

图12-49

STEP 2 在"打包成CD"对话框中的"将CD命名为"文本框中输入打包名称，单击"复制到文件夹"按钮，如图12-51所示。

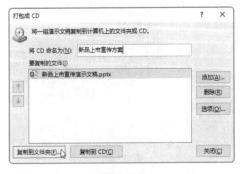

图12-51

STEP 3 在"复制到文件夹"对话框中单击"浏览"按钮,如图 12-52 所示。

图12-52

STEP 4 打开"选择位置"对话框,选择好保存位置,单击"选择"按钮,如图 12-53 所示。

图12-53

STEP 5 返回"复制到文件夹"对话框,单击"确定"按钮,在打开的对话框中单击"是"按钮,如

图 12-54 所示,开始打包。

图12-54

STEP 6 在打包过程中会显示打包进度,打包完成后会自动打开打包的文件夹,在此可查看所有配套的素材文件以及该演示文稿,如图 12-55 所示。

图12-55

应用秘技

在打包的文件中双击"PresentationPackage"文件夹,会看到同名的网页文件,双击打开该网页文件,会显示PowerPoint演示文稿查看器下载链接。下载该查看器后,用户在没有安装PowerPoint的计算机中,也能够正常播放演示文稿。

5. 输出为其他类型文件

用户还可以将演示文稿导出为其他类型的文件。在此以保存为兼容模式的文件为例,来介绍具体设置操作。

STEP 1 单击"文件"选项卡,选择"另存为"选项,单击"浏览"按钮,打开"另存为"对话框,设置文件名,将"保存类型"设为"PowerPoint97-2003演示文稿",如图 12-56 所示。

图12-56

STEP 2 单击"保存"按钮,完成另存为操作。打开保存后的兼容文件,在标题栏中即会显示"兼容模式"字样,如图 12-57 所示。

图12-57

疑难解答

Q：在放映过程中，想要终止放映，该怎么操作？

A：想要终止放映，直接按【Esc】键便可。用户也可以在幻灯片上进行操作。其方法为在放映过程中，将鼠标指针移动到幻灯片左下角，单击工具栏最右侧的按钮，在打开的列表中选择"结束放映"选项。

Q：如何打印隐藏的幻灯片？

A：幻灯片被隐藏后，默认状态下是不会被打印出来的。如果想要打印隐藏的幻灯片，便捷的方法是在"打印"页面中单击"设置"下拉按钮，从列表中选择"打印隐藏幻灯片"选项。

Q：将演示文稿输出为图片时有两种模式，该如何区分？

A：将演示文稿输出为图片时有两种模式，一种是"JPEG文件交换格式"，另一种是"PowerPoint图片演示文稿"。选择前者，幻灯片会以JPEG格式保存在文件夹中，用户需使用图片查看器来查看；选择后者，每张幻灯片会以图片形式显示，其最终保存格式还是默认的*.pptx格式。

Q：如何将Word文档快速转换成演示文稿？

A：将Word文档转换成演示文稿前，需要对Word文档设置大纲级别。在Word中切换到大纲视图，选中所需内容，分别为其添加大纲级别，如图12-58所示。然后在快速访问工具栏中单击"发送到Microsoft PowerPoint"按钮 即可一键转换。需说明的是，该转换功能需要用户手动调出才可使用。单击快速访问工具栏右侧下拉按钮，选择"其他命令"选项，在打开的"Word选项"对话框中，将"从下列位置选择命令"设为"不在功能区中的命令"①，并在其下方列表中选择"发送到Microsoft PowerPoint"选项②，单击"添加"按钮③，将其添加至右侧列表中，单击"确定"按钮④，如图12-59所示。

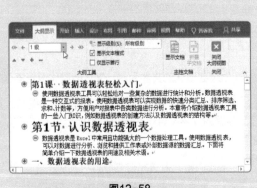

图12-58

图12-59

附录　活用 Office 快捷键

　　也许你对各类设计软件的快捷键铭记于心，而对Office的快捷键只知道【Ctrl+C】和【Ctrl+V】。虽然Office的快捷键没有设计软件的快捷键类别多，但只要运用得当，就能够大大提升使用的效率。下面将对一些常用的办公快捷键进行简单说明。

1. 与【Alt】键组合的快捷键

　　利用【Alt】键与其他快捷键组合，可在很大程度上减少鼠标的使用率，提高操作效率。

　　与设计软件相似，Office的不同功能也有相应的快捷键。用户在操作时，按【Alt】键，系统会在标题栏及功能区的每项命令下显示相应的字母标签，如附图1所示。

附图1

　　例如，想要快速打开"打印"界面，那么只需按【Alt】键、【F】键和【P】键，如附图2、附图3所示。

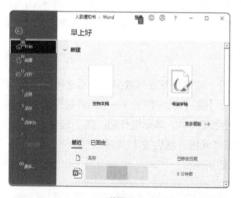

附图2

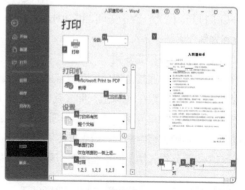

附图3

　　又如，为文本添加底纹时，可按【Alt】键、【H】键、【i】键，如附图4、附图5所示。

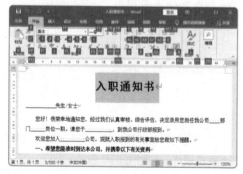

附图4

附图5

众所周知，【Ctrl+C】和【Ctrl+V】是复制和粘贴的快捷键。而有点办公基础的用户都了解，复制粘贴有很多种类型，有保留原格式、合并格式、图片、只保留文本等。有时只用【Ctrl+C】和【Ctrl+V】是不能满足需要的，因为其只能原封不动地粘贴内容，而不能进行有选择的粘贴。

进行有选择的粘贴，可以利用【Alt】键来操作。当需进行选择性粘贴时，依次按【Alt】键、【H】键、【V】键，在打开的列表中，根据需要操作即可。例如将内容粘贴成图片，依次按【Alt】键、【H】键、【V】键和【U】键即可，如附图6与附图7所示。

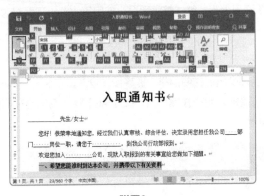
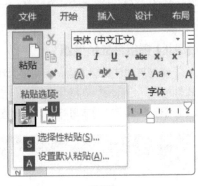

附图6　　　　　　　　　　　　　　　　　　　　　　　附图7

在使用【Alt】键启动命令的快捷键时，不需要死记硬背，系统会自动给出相应的字母提示，用户按照提示按键即可。操作次数多了，自然就记住了。

2. 与【Ctrl】键组合的快捷键

【Ctrl】键的使用率非常高。例如【Ctrl+C】/【Ctrl+V】复制/粘贴、【Ctrl+S】保存、【Ctrl+X】剪切、【Ctrl+O】打开、【Ctrl+W】关闭、【Ctrl+A】全选、【Ctrl+Z】撤销等，这些基本的快捷键经常被用到。下面将以Excel为例介绍。

（1）快速选中多行或多列

在日常工作中，通常会使用拖动鼠标的方法来选择多列或多行。如果行数或列数少，使用这种方法倒无妨；如果所选的行数或列数在50以上，那么就可以使用【Ctrl+Shift+↓】或【Ctrl+Shift+→】组合键来操作。

选中表格中任意单元格，按【Ctrl+Shift+↓】组合键，系统会以选中的单元格开起，向下选中该列剩余单元格直至有内容单元格中最后一行，如附图8所示。同样，选中该单元格，然后按【Ctrl+Shift+→】组合键，系统会以选中的单元格开始，向右选中该行剩余单元格内容，如附图9所示。

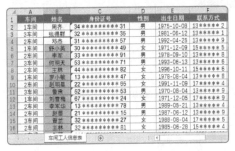
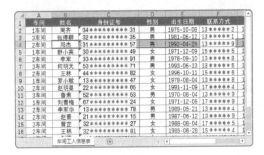

附图8　　　　　　　　　　　　　　　　　　　　　　　附图9

（2）插入空白行或列

若要快速插入空白行或列，可按【Ctrl+Shift++】组合键，打开"插入"对话框，如附图10所示，根据需要按【R】键（整行）或【C】键（整列），然后按【Enter】键即可完成操作，如附图11所示。

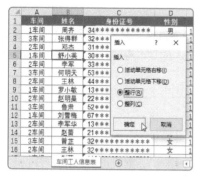

附图10

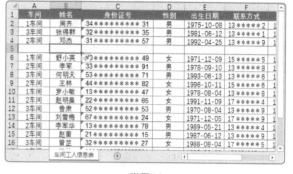

附图11

若要一次性插入多个空白行或列，在一开始选择行或列时，就需要选择相应的行数或列数。例如想要插入4行，则在开始选择时先选择相邻的4行内容，然后再按【Ctrl+Shift+ +】组合键，如附图12所示。

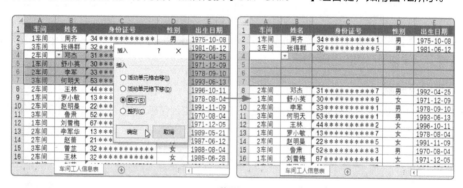

附图12

（3）设置单元格格式

选中表格内容，按【Ctrl+1】组合键即可打开"设置单元格格式"对话框，可以通过按【Ctrl+Tab】组合键，切换到所需选项卡进行设置。这里需要注意的是：【Ctrl+1】组合键中的"1"为大键盘上的【1】键，而非数字键盘上的【1】键。

3.【F2】键和【F4】键

【F1】键到【F12】键，每个键都有各自的用法，其中【F2】和【F4】键较为常用。

（1）【F2】键

以Excel为例，选中表格中任意单元格，按【F2】键后，该单元格则进入编辑状态，此时可对其内容进行编辑，如附图13所示。如果选中带有公式的单元格，那么就会显示与之相关的公式，用户可对公式内容进行审核，如附图14所示。

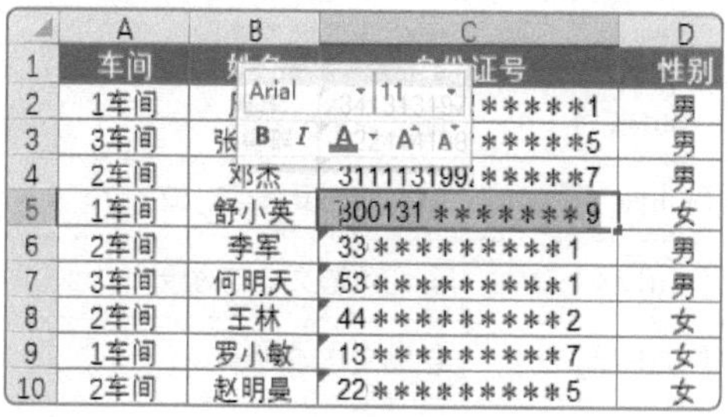

附图13

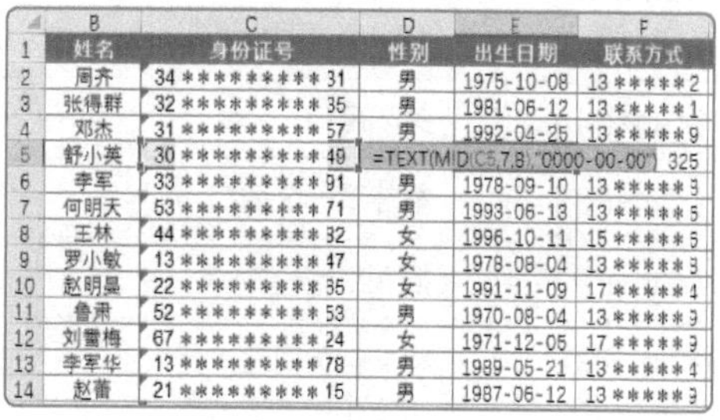

附图14

（2）【F4】键

【F4】键是非常实用的功能键，它具有复制格式的功能。用户在进行重复操作时，就可利用【F4】键。例如，对文本设置了字体后，再选中其他文本时，按【F4】键，此时被选中的文本将被自动设置成相同的字体，如附图15所示。

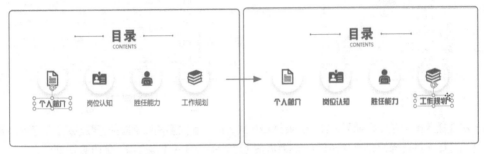

附图15

在Excel中，【F4】键除了具有复制格式的功能外，还有切换相对引用和绝对引用的功能。当单元格中出现鼠标指针时，按【F4】键就会切换引用类型。

4. 其他常用快捷键

除了以上介绍的快捷键外，还有其他一些快捷键，在工作中也经常被用到，附表1、附表2、附表3按软件类别，对快捷键进行总结归纳，以供读者参考。

附表1　Word常用快捷键

功能键	功能描述	功能键	功能描述
【F1】	寻求帮助文件	【F8】	扩展所选内容
【F2】	移动文字或图形	【F9】	更新选定的域
【F4】	重复上一步操作	【F10】	显示快捷键提示
【F5】	执行定位操作	【F11】	前往下一个域
【F6】	前往下一个窗格或框架	【F12】	执行"另存为"命令
【F7】	执行"拼写"命令		
与【Ctrl】键有关的组合键			
【Ctrl+F1】	展开或折叠功能区	【Ctrl+B】	加粗字体
【Ctrl+F2】	执行"打印预览"命令	【Ctrl+I】	倾斜字体
【Ctrl+F3】	剪切至"图文场"	【Ctrl+U】	为字体添加下画线
【Ctrl+F4】	关闭窗口	【Ctrl+Q】	删除段落格式
【Ctrl+F6】	前往下一个窗口	【Ctrl+C】	复制所选文本或对象
【Ctrl+F9】	插入空域	【Ctrl+X】	剪切所选文本或对象
【Ctrl+F10】	将文档窗口最大化	【Ctrl+V】	粘贴文本或对象
【Ctrl+F11】	锁定域	【Ctrl+Z】	撤销上一操作
【Ctrl+F12】	执行"打开"命令	【Ctrl+Y】	重复上一操作

功能键	功能描述	功能键	功能描述
【Ctrl+Enter】	插入分页符	【Ctrl+A】	全选整篇文档
与【Shift】键有关的组合键			
【Shift+F1】	启动"帮助"或展现格式	【Shift+→】	将选定范围扩展至右侧一个字符
【Shift+F2】	复制文本	【Shift+←】	将选定范围扩展至左侧的一个字符
【Shift+F3】	更改字母大小写	【Shift+↑】	将选定范围扩展至上一行
【Shift+F4】	重复"查找"或"定位"操作	【Shift+↓】	将选定范围扩展至下一行
【Shift+F5】	移至最后一处更改	【Shift+Home】	将选定范围扩展至行首
【Shift+F6】	转至上一个窗格或框架	【Shift+End】	将选定范围扩展至行尾
【Shift+F7】	执行"同义词库"命令	【Ctrl+Shift+↑】	将选定范围扩展至段首
【Shift+F8】	减少所选内容的大小	【Ctrl+Shift+↓】	将选定范围扩展至段尾
【Shift+F9】	在域代码及其结果间进行切换	【Shift+Page Up】	将选定范围扩展至上一屏
【Shift+F10】	显示快捷菜单	【Shift+Page Down】	将选定范围扩展至下一屏
【Shift+F11】	定位至前一个域	【Shift+Tab】	选定Word表格上一单元格的内容
【Shift+F12】	执行"保存"命令	【Shift+Enter】	插入换行符
与【Alt】键有关的组合键			
【Alt+F1】	前往下一个域	【Alt+Shift+ +】	扩展标题下的文本
【Alt+F3】	创建新的"构建基块"	【Alt+Shift+ −】	折叠标题下的文本
【Alt+F4】	退出 Word 2010	【Alt+space】	显示程序控制菜单
【Alt+F5】	还原程序窗口大小	【Alt+Ctrl+F】	插入脚注
【Alt+F6】	从打开的对话框移回文档（适用于支持此行为的对话框）	【Alt+Ctrl+E】	插入尾注
【Alt+F7】	查找下一个拼写错误或语法错误	【Alt+Shift+O】	标记目录项
【Alt+F8】	运行宏	【Alt+Shift+I】	标记引文目录项
【Alt+F9】	切换所有的域代码及其结果	【Alt+Shift+X】	标记索引项
【Alt+F10】	显示"选择和可见性"任务窗格	【Alt+Ctrl+M】	插入批注
【Alt+F11】	显示 Microsoft Visual Basic 代码	【Alt+Ctrl+P】	切换至页面视图
【Alt+←】	返回查看过的帮助主题	【Alt+Ctrl+O】	切换至大纲视图
【Alt+→】	前往查看过的帮助主题	【Alt+Ctrl+N】	切换至普通视图

附表2　Excel常用快捷键

功能键	功能描述	功能键	功能描述
【F1】	显示Excel帮助	【F7】	显示"拼写检查"对话框
【F2】	编辑活动单元格并将插入点放在单元格内容的结尾	【F8】	打开或关闭扩展模式
【F3】	显示"粘贴名称"对话框（仅当工作簿中存在名称时才可用）	【F9】	计算部分表达式结果
【F4】	重复上一个命令或操作	【F10】	打开或关闭按键提示
【F5】	显示"定位"对话框	【F11】	在单独的图表工作表中创建当前范围内数据的图表
【F6】	在工作表、功能区、任务窗格和缩放控件之间切换	【F12】	打开"另存为"对话框
与【Ctrl】键有关的组合键			
【Ctrl+1】	显示"单元格格式"对话框	【Ctrl+2】	应用或取消加粗格式
【Ctrl+3】	应用或取消倾斜格式	【Ctrl+4】	应用或取消下画线
【Ctrl+5】	应用或取消删除线	【Ctrl+6】	在隐藏对象和显示对象之间切换
【Ctrl+8】	显示或隐藏大纲符号	【Ctrl+9（0）】	隐藏选定的行（列）
【Ctrl+A】	选择整个工作表	【Ctrl+B】	应用或取消加粗格式
【Ctrl+C】	复制选定的单元格	【Ctrl+D】	使用"向下填充"命令将选定范围内最顶层单元格的内容和格式复制到下面的单元格中
【Ctrl+F】	执行查找操作	【Ctrl+K】	为新的超链接显示"插入超链接"对话框，或为选定超链接显示"编辑超链接"对话框
【Ctrl+G】	执行定位操作	【Ctrl+L】	显示"创建表"对话框
【Ctrl+H】	执行替换操作	【Ctrl+N】	创建一个新的空白工作簿
【Ctrl+I】	应用或取消倾斜格式	【Ctrl+U】	应用或取消下画线
【Ctrl+O】	执行打开操作	【Ctrl+P】	执行打印操作
【Ctrl+R】	使用"向右填充"命令将选定范围最左边单元格的内容和格式复制到右边的单元格中	【Ctrl+S】	使用当前文件名、位置和格式保存活动工作簿
【Ctrl+V】	在插入点处插入剪贴板的内容，并替换任何所选内容	【Ctrl+W】	关闭选定的工作簿窗口
【Ctrl+Y】	重复上一个命令或操作	【Ctrl+Z】	执行撤销操作

附录　活用 Office 快捷键

功能键	功能描述	功能键	功能描述
【Ctrl+ - 】	显示用于删除选定单元格的"删除"对话框	【Ctrl+; 】	输入当前日期
【Ctrl+Shift+(】	取消隐藏选定范围内所有隐藏的行	【Ctrl+Shift+& 】	将外框应用于选定单元格
【Ctrl+Shift+~ 】	应用"常规"数字格式	【Ctrl+Shift+$ 】	应用带有两位小数的"货币"格式（负数放在括号中）
【Ctrl+Shift + % 】	应用不带小数位的"百分比"格式	【Ctrl+Shift+# 】	应用带有日、月和年的"日期"格式
【Ctrl+Shift+^ 】	应用带有两位小数的科学计数格式	【Ctrl+Shift+" 】	将值从活动单元格上方的单元格复制到单元格或编辑栏中
【Ctrl+Shift+! 】	应用带有两位小数、千位分隔符和减号 (-) 的"数值"格式	【Ctrl+Shift+* 】	选择环绕活动单元格的当前区域
【Ctrl+Shift+: 】	输入当前时间	【Ctrl+Shift+ + 】	显示用于插入空白单元格的"插入"对话框
与【Shift】键有关的组合键			
【Alt+Shift+F1】	插入新的工作表	【Shift+F9】	计算活动工作表
【Shift+F2】	添加或编辑单元格批注	【Shift+F10】	显示选定项目的快捷菜单
【Shift+F3】	显示"插入函数"对话框	【Shift+F11】	插入一个新工作表
【Shift+F6】	在工作表、缩放控件、任务窗格和功能区之间切换	【Shift+Enter】	完成单元格输入并选择上面的单元格
【Shift+F8】	使用箭头键将非邻近单元格或区域添加到单元格的选定范围中		

附表3　PowerPoint常用快捷键

功能键	功能描述	功能键	功能描述
【F1】	获取帮助文件	【F2】	在图形和图形内文本间切换
【F4】	重复最后一次操作	【F5】	从头开始放映演示文稿
【F7】	执行拼写检查操作	【F12】	执行"另存为"命令
与【Ctrl】键有关的组合键			
【Ctrl+A】	选择全部对象或幻灯片	【Ctrl+B】	应用（解除）文本加粗
【Ctrl+C】	执行复制操作	【Ctrl+D】	生成对象或幻灯片的副本
【Ctrl+E】	段落居中对齐	【Ctrl+F】	打开"查找"对话框
【Ctrl+G】	打开"网格线和参考线"对话框	【Ctrl+H】	打开"替换"对话框
【Ctrl+I】	应用（解除）文本倾斜	【Ctrl+J】	段落两端对齐

续表

功能键	功能描述	功能键	功能描述
【Ctrl+K】	插入超链接	【Ctrl+L】	段落左对齐
【Ctrl+M】	插入新幻灯片	【Ctrl+N】	生成新演示文稿
【Ctrl+O】	打开演示文稿	【Ctrl+P】	打开"打印"对话框
【Ctrl+Q】	关闭程序	【Ctrl+R】	段落右对齐
【Ctrl+S】	保存当前演示文稿	【Ctrl+T】	打开"字体"对话框
【Ctrl+U】	应用（解除）文本下画线	【Ctrl+V】	执行粘贴操作
【Ctrl+W】	关闭当前文件	【Ctrl+X】	执行剪切操作
【Ctrl+Y】	重复最后操作	【Ctrl+Z】	执行撤销操作
【Ctrl+Shift+F】	更改字体	【Ctrl+Shift+G】	组合对象
【Ctrl+Shift+P】	更改字号	【Ctrl+Shift+H】	解除组合
【Ctrl+Shift+<】	减小字号	【Ctrl+=】	将文本更改为下标（自动调整间距）
【Ctrl+Shift+>】	增大字号	【Ctrl+Shift+=】	将文本更改为上标（自动调整间距）

附录　活用 Office 快捷键